高水平地方应用型大学建设系列教材

水污染控制工程
课后习题解析

时鹏辉　胡晨燕　编著

北　京
冶　金　工　业　出　版　社
2022

内容提要

本书分为3章。第1章为水污染控制工程课程课后习题及解答；第2章为各类型习题，包括名词解释、判断题、填空题、单选题、多选题、简答题和计算题等；第3章为模拟试卷。希望读者通过对本书的学习，对水污染控制专业知识有更加深入和全面的掌握。

本书是大学本科的教学用书，也可为相关专业的读者提供参考。

图书在版编目(CIP)数据

水污染控制工程课后习题解析/时鹏辉，胡晨燕编著．—北京：冶金工业出版社，2022.1

高水平地方应用型大学建设系列教材

ISBN 978-7-5024-9044-7

Ⅰ.①水… Ⅱ.①时… ②胡… Ⅲ.①水污染—污染控制—高等学校—题解 Ⅳ.①X520.6-44

中国版本图书馆CIP数据核字（2022）第019175号

水污染控制工程课后习题解析

出版发行 冶金工业出版社　**电　话**（010）64027926
地　址 北京市东城区嵩祝院北巷39号　**邮　编** 100009
网　址 www.mip1953.com　**电子信箱** service@mip1953.com

责任编辑 王 双 程志宏 美术编辑 彭子赫 版式设计 郑小利
责任校对 梁江凤 责任印制 李玉山
三河市双峰印刷装订有限公司印刷
2022年1月第1版，2022年1月第1次印刷
710mm×1000mm 1/16；11.5印张；218千字；172页
定价 33.00 元

投稿电话 （010）64027932 投稿信箱 tougao@cnmip.com.cn
营销中心电话 （010）64044283
冶金工业出版社天猫旗舰店 yjgycbs.tmall.com
（本书如有印装质量问题，本社营销中心负责退换）

《高水平地方应用型大学建设系列教材》
编　委　会

《高水平地方应用型大学建设系列教材》序

应用型大学教育是高等教育结构中的重要组成部分。高水平地方应用型高校在培养复合型人才、服务地方经济发展以及为现代产业体系提供高素质应用型人才方面越来越显现出不可替代的作用。2019 年，上海电力大学获批上海市首个高水平地方应用型高校建设试点单位，为学校以能源电力为特色，着力发展清洁安全发电、智能电网和智慧能源管理三大学科，打造专业品牌，增强科研层级，提升专业水平和服务能力提出了更高的要求和发展的动力。清洁安全发电学科汇聚化学工程与工艺、材料科学与工程、材料化学、环境工程、应用化学、新能源科学与工程、能源与动力工程等专业，力求培养出具有创新意识、创新性思维和创新能力的高水平应用型建设者，为煤清洁燃烧和高效利用、水质安全与控制、环境保护、设备安全、新能源开发、储能系统、分布式能源系统等产业，输出合格应用型优秀人才，支撑国家和地方先进电力事业的发展。

教材建设是搞好应用型特色高校建设非常重要的方面。以往应用型大学的本科教学主要使用普通高等教育教学用书，实践证明并不适应在应用型高校教学使用。由于密切结合行业特色及新的生产工艺以及与先进教学实验设备相适应且实践性强的教材稀缺，迫切需要教材改革和创新。编写应用性和实践性强及有行业特色教材，是提高应用型人才培养质量的重要保障。国外一些教育发达国家的基础课教材涉及内容广、应用性强，确实值得我国应用型高校教材编写出版借鉴和参考。

为此，上海电力大学和冶金工业出版社合作共同组织了高水平地方应用型大学建设系列教材的编写，包括课程设计、实践与实习指导、实验指导等各类型的教学用书，首批出版教材18种。教材的编写将遵循应用型高校教学特色、学以致用、实践教学的原则，既保证教学内容的完整性、基础性，又强调其应用性，突出产教融合，将教学和学生专业知识和素质能力提升相结合。

本系列教材的出版发行，对于我校高水平地方应用型大学的建设、高素质应用型人才培养具有十分重要的现实意义，也将为教育综合改革提供示范素材。

上海电力大学校长　李和兴

2020年4月

前　言

中国工程教育认证对环境工程专业毕业的学生要求为能够基于自然科学原理，针对环境工程领域的复杂环境工程或科学问题进行研究，设计实验方案、掌握研究方法、对实验数据进行分析与解释，通过信息综合得到合理有效的研究结论，并能规范地撰写研究报告。高质量完成课程习题是大学本科教学重要的教学环节之一，也是提升环境工程专业学生解决复杂环境工程问题能力的重要基础环节之一。

水污染控制工程作为环境工程专业的主干课程，高质量地完成习题在该课程的教学活动中占有十分重要的位置。水污染控制工程课程共有11部分内容，本书针对该课的习题教学环节进行编写，共分为3章，第1章对课程每部分的课后习题进行深入分析；第2章结合课程内容对教学内容进行专题练习；第3章提供若干套模拟试卷供学生自我检验学习知识掌握情况。

本书可作为环境工程、市政工程、给水排水工程等专业的本科生、研究生进行污水处理工艺、工程设计学习的参考书，也可用于环境工程领域工程技术人员的培养与培训，同时可作为工业企业环境保护与环境工程专业技术及管理人员的重要参考书。

在本书的编写过程中，虽然反复推敲核证，仍可能存在不足之处，恳请广大读者提出宝贵意见和建议。

编　者

2021年8月

目　录

1 课后习题及解答

1.1 污水水质与污水出路

1. 简述水质指标在水体污染控制、污水处理工程设计中的作用。

答：水质污染指标是评价水质污染程度、进行污水处理工程设计、反映污水处理厂处理效果、开展水污染控制的基本依据。污水的水质污染指标一般可分为物理指标、化学指标、生物指标。

（1）物理指标包括：1）水温；2）色度；3）臭味；4）固体含量。

（2）化学指标包括：有机物指标和无机物指标。

有机物指标：1）BOD，在水温为20℃的条件下，水中有机物被好氧微生物分解时所需的氧量；2）COD，用化学氧化剂氧化水中有机污染物时所消耗的氧化剂量；3）TOD，由于有机物的主要元素是C、H、O、N、S等，被氧化后，分别产生CO_2、H_2O、NO_2和SO_2，所消耗的氧量称为总需氧量；4）TOC，表示有机物浓度的综合指标，水样中所有有机物的含碳量；5）油类污染物；6）酚类污染物；7）表面活性剂；8）有机酸碱；9）有机农药；10）苯类化合物。

无机物指标：1）酸碱度；2）氮、磷；3）重金属；4）无机性非金属有害毒物。

（3）生物指标包括：1）细菌总数；2）大肠菌群；3）病毒。

2. 分析总固体、溶解性固体、悬浮性固体及挥发性固体指标之间的相互联系。

答：水中所有残渣的总和称为总固体（TS），总固体包括溶解性固体（DS）和悬浮性固体（SS）。水样经过滤后，滤液蒸干所得的固体即为溶解性固体（DS），滤渣脱水烘干后即是悬浮固体（SS）。固体残渣根据挥发性能可分为挥发性固体（VS）和固定性固体（FS）。将固体在600℃的温度下灼烧，挥发掉的即是挥发性固体（VS），灼烧残渣则是固定性固体（FS）。溶解性固体一般表示盐类的含量，悬浮固体表示水中不溶解的固态物质含量，挥发性固体反映固体的有机成分含量。

关系图（见图1-1）：总固体=溶解性固体+悬浮固体=挥发性固体+固定性固体。

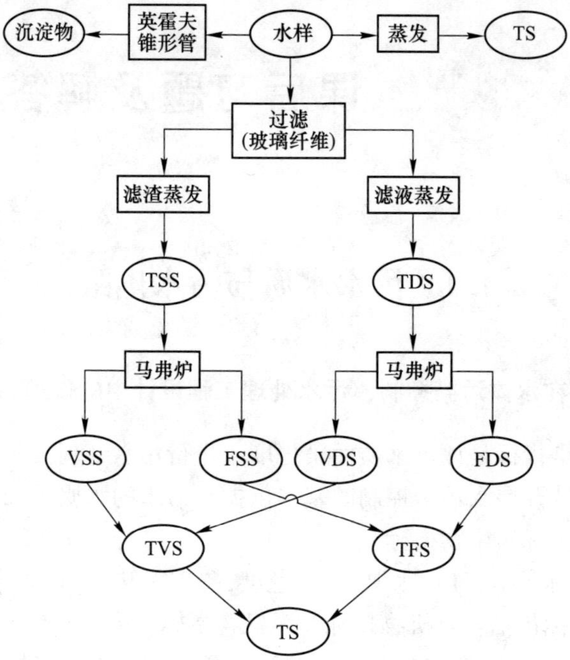

图 1-1　各种固体指标之间的关系图

TS—总固体；TSS—总悬浮固体；TDS—总溶解固体；
VSS—挥发性悬浮固体；FSS—不可挥发性悬浮固体；
VDS—挥发性溶解固体；FDS—不可挥发性溶解固体；TVS—总挥发性固体

3. 生化需氧量、化学需氧量、总有机碳和总需氧量指标的含义是什么？分析这些指标之间的联系与区别。

答：生化需氧量（BOD）：水中有机污染物被好氧微生物分解时所需的氧量称为生化需氧量。

化学需氧量（COD）：在酸性条件下，用强氧化剂将有机物氧化为 CO_2、H_2O 所消耗的氧量。

总有机碳（TOC）：水样中所有有机污染物的含碳量。

总需氧量（TOD）：有机物除碳外，还含有氢、氮、硫等元素，当有机物全都被氧化时，碳被氧化为 CO_2，氢、氮及硫则被氧化为 H_2O、NO、SO_2 等，此时需氧量称为总需氧量。

这些指标都是用来评价水样中有机污染物的参数。生化需氧量间接反映了水中可生物降解的有机物量。化学需氧量不能表示可被微生物氧化的有机物量，此外废水中的还原性无机物也能消耗部分氧。总有机碳和总需氧量的测定都是燃烧化学法，前者测定以碳表示，后者以氧表示。TOC、TOD 的耗氧过程与 BOD 的耗氧过程有本质不同，而且由于各种水样中有机物质的成分不同，生化过程差别也大。各种水质之间 TOC 或 TOD 与 BOD 不存在固定关系。在水质条件基本相同的条件下，BOD 与 TOD 或 TOC 之间存在一定的相关关系。它们之间的相互关系为：$TOD>COD>BOD_{20}>BOD_5>TOC$。

生化需氧量（BOD）反映出微生物氧化有机物、直接地从卫生学角度阐明被污染的程度。化学需氧量（COD）的优点是比较精确地表示污水中有机物的含量，测定时间仅仅需要数小时，并且不受水质的影响。但化学需氧量（COD）则不能像 BOD 反映出微生物氧化有机物、直接地从卫生学角度阐明被污染的程度。此外，污水中存在的还原性无机物（如硫化物）被氧化也需要消耗氧，以 COD 表示也存在一定的误差。两者的差值大致等于难生物降解的有机物量。差值越大，难生物降解的有机物含量越多，越不宜采用生物处理法。两者的比值可作为该污水是否适宜于采用生物处理判别标准，比值越大，越容易被生物处理。

4. 水体自净有哪几种类型？氧垂曲线的特点和使用范围是什么？

答：污染物随污水排入水体后，经过物理、化学与生物化学的作用，使污染的浓度降低或总量减少，受污染的水体部分或完全地恢复原状，这种现象称为水体自净或水体净化。水体自净包括物理净化、化学净化和生物净化。物理净化指污染物质由于稀释、扩散、沉淀或挥发等作用使河水污染物质浓度降低的过程。化学净化指污染物质由于氧化、还原、分解等作用使河水污染物质浓度降低的过程。生物净化指由于水中生物活动，尤其是水中微生物对有机物的氧化分解作用而引起的污染物质浓度降低的过程。

有机物排入河流后，经微生物降解而大量消耗水中的溶解氧，使河水亏氧；另外，空气中的氧通过河流水面不断地溶入水中，使溶解氧逐步得到恢复。耗氧与亏氧是同时存在的，该曲线呈悬索状下垂，称为氧垂曲线（DO 曲线）。该曲线适用于一维河流和不考虑扩散的情况下。

5. 试论排放标准、水环境质量指标、环境容量之间的联系。

答：环境容量是水环境质量标准指定的基本依据，而水环境质量标准则是排放标准指定的依据。

排放标准是指最高允许的排放浓度，污水的排放标准分为一、二、三级标准。而水环境质量标准是用来评估水体的质量和污染情况的，有地表水环境质量标准、海洋水质标准、生活饮用水卫生标准等。环境容量则是指环境在其自净范围内所能容纳的污染物的最大量。排放标准是根据自然界对于污染物自净能力而定的，和环境容量有很大关系，环境质量标准是根据纯生态环境为参照，根据各地情况不同而制定的。排水标准是排到环境中的污染物浓度、速率的控制标准；环境质量标准是水环境本身要求达到的指标。水环境容量越大，环境质量标准越低，排放标准越松，反之越严格。各类标准一般都是以浓度来衡量的，即某一时间取样时符合标准则认为合格达标，而环境容量是就某一区域内一定时间内可以容纳的污染物总量而言的，它们是两个相对独立的评价方法，某些时候，虽然达到了环境质量标准或是排水等标准，但可能事实上已经超过了该区域的环境容量。

6. 我国现行的排放标准有哪几种？各标准的使用范围及相互关系是什么？

答：污水排放标准根据控制形式可分为浓度标准和总量控制标准。浓度标准规定了排出口向水体排放污染物的浓度限值，我国现有的国家标准和地方标准都是浓度标准。总量控制标准是以水环境质量标准相适应的水环境容量为依据而设定的，水体的环境质量要求高，则环境容量小。

根据地域管理权限可分为国家排放标准、行业排放标准和地方排放标准。国家排放标准按照污水去向，规定了水污染物最高允许排放浓度，适用于排污单位水污染物的排放管理，以及建设项目的环境影响评价、建设项目环境保护设施设计、竣工验收以及投产后的排放管理。行业排放标准是根据各行业排放废水的特点和治理技术水平制定的国家行业排放标准。地方标准是各省直辖市根据经济发展水平和管辖地水体污染控制需要制定的标准，地方标准可以增加污染物控制指标数，但不能减少，可以提高对污染物排放标准的要求，但不能降低标准。

7. 污水的主要处理方式有哪些？各有什么特点？

答：城市污水处理是通过各种污水处理技术和措施，将污水中所含的污染物质分离、回收利用，或转化为无害和稳定的物质，使污水得到净化。污水处理技术按原理及单元可分为物理处理法、化学及物理化学处理法、生物处理法。

（1）物理处理法：利用物理原理和方法，分离污水中的污染物，在处理过程中一般不改变水的化学性质。物理处理法包括筛滤法、沉淀法、浮上法、过滤法和膜处理法等。

（2）化学及物理化学处理法：利用化学反应的原理和方法，分离回收污水中的污染物，使其转化为无害或可再生利用的物质。化学及物理化学处理法包括中和、混凝、氧化还原、萃取吸附、离子交换、电渗析等，这些处理方法更多地用于工业废水处理和污水的深度处理。

（3）生物处理法：利用微生物的新陈代谢功能，使污水中呈溶解和胶体状态的有机污染物被降解并转化为无害物质。按微生物对氧的需求，生物处理法可分为好氧处理法和厌氧处理法两类。按微生物存在的形式，可分为活性污泥法、生物膜法等类型。

由于污水中的污染物形态和性质是多种多样的，一般需要几种处理方法组合成处理工艺，达到对不同性质的污染物的处理效果。

8. 污水的处理程度有哪几个？各在什么场合用？

答：污水按照处理目标和要求，其处理程度一般可分为一级处理、二级处理和三级处理（深度处理）。

（1）一级处理：主要去除污水中呈悬浮状态的固体污染物，主要技术为物理法。城镇污水处理厂中，一级处理对 BOD，去除率一般为 20%～30%，故一级处理一般作为二级处理的前处理。

（2）二级处理：污水经过一级处理后，再用生物方法进一步去除污水中的胶体和溶解性污染物的过程，其 BOD_5 去除率在 90%以上，主要采用生物法。

（3）三级处理：也可称深度处理，一般以更高的处理与排放要求为目的，在一级处理后增加的处理过程，以进一步去除污染物，其技术方法更多地采用物理法、化学法及物理化学法等，与前面的处理技术形成组合处理工艺。一般三级处理指二级处理后以达到排放标准为目标增加的工艺过程，而深度处理更多地指以污水的再生回用为目标。

1.2 污水的物理处理

1. 试说明沉淀有哪几种类型？各有何特点？并讨论各种类型的内在联系与区别，各适用在哪些场合？

答：（1）自由沉淀：悬浮颗粒浓度不高；沉淀过程中悬浮固体之间互不干扰，颗粒各自单独进行沉淀，颗粒沉淀轨迹呈直线。在沉淀过程中，颗粒的物理性质不变。发生在沉砂池中。

（2）絮凝沉淀：悬浮颗粒浓度不高；沉淀过程中悬浮颗粒之间有互相絮凝作用，颗粒因相互聚集增大而加快沉降，沉淀轨迹呈曲线。在沉淀过程中，颗粒的质量、形状、沉速是变化的。化学絮凝沉淀属于这种类型。

（3）区域沉淀或成层沉淀：悬浮颗粒浓度较高（5000mg/L 以上）；颗粒的沉降受到周围其他颗粒的影响，颗粒间相对位置保持不变，形成一个整体共同下沉，与澄清水之间有清晰的泥水界面。二次沉淀池与污泥浓缩池中发生。

（4）压缩沉淀：悬浮颗粒浓度很高；颗粒相互之间已挤压成团状结构，互相接触，互相支撑，下层颗粒间的水在上层颗粒的重力作用下被挤出，使污泥得到浓缩。二沉池污泥斗中及浓缩池中污泥的浓缩过程存在压缩沉淀。

联系和区别：自由沉淀、絮凝沉淀、区域沉淀或成层沉淀、压缩沉淀悬浮颗粒的浓度依次增大，颗粒间的相互影响也依次加强。

2. 设置沉砂池的目的和作用是什么？曝气沉砂池的工作原理和平流式沉砂池有何区别？

答：设置沉砂池的目的和作用：以重力或离心力分离为基础，即将进入沉砂池的污水流速控制在只能使相对密度大的无机颗粒下沉，而有机悬浮颗粒则随水流带走，从而能从污水中去除砂子、煤渣等密度较大的无机颗粒，以免这些杂质影响后续处理构筑物的正常运行。

平流式沉砂池是一种最传统的沉砂池，它构造简单，工作稳定，将进入沉砂池的污水流速控制在只能使相对密度大的无机颗粒下沉，而有机悬浮颗粒则随水流带走，从而能从污水中去除砂子、煤渣等密度较大的无机颗粒。曝气沉砂池的工作原理：由曝气以及水流的螺旋旋转作用，污水中悬浮颗粒相互碰撞、摩擦，并受到气泡上升时的冲刷作用，使黏附在砂粒上的有机污染物得以去除。曝气沉砂池沉砂中含有机物的量低于5%；由于池中设有曝气设备，它还具有预曝气、脱臭、防止污水厌氧分解、除泡以及加速污水中油类的分离等作用。

3. 水的沉淀法处理的基本原理是什么？试分析球形颗粒的静水自由沉降（或上浮）的基本规律，影响沉降或上浮的因素是什么？

答：（1）基本原理：沉淀法是利用水中悬浮颗粒的可沉降性能，在重力作用下产生下沉作用，以达到固液分离的一种过程。

（2）基本规律：静水中悬浮颗粒开始沉降（或上浮）时，会受到重力、浮力、摩擦力的作用。刚开始沉降（或上浮）时，因受重力作用产生加速运动，经过很短的时间后，颗粒的重力与水对其产生的阻力平衡时，颗粒即等速下沉。

（3）影响因素：颗粒密度、水流速度、池的表面积。

（4）斯托克斯公式表明：1）颗粒与水的密度差（$\rho_s-\rho$）越大，沉速越快，成正比关系。当$\rho_s>\rho$时，颗粒下沉；当$\rho_s<\rho$时，颗粒上浮；当$\rho_s=\rho$时，颗粒既不上浮也不下沉；2）颗粒直径越大，沉速越快，成正比的平方关系；3）水的黏度越小，沉速越快，成反比关系。因为水的黏度与水温成反比，所以提高水温有利于加速沉淀。

4. 已知某小型污水处理站设计流量$Q=400m^3/h$，悬浮固体浓度SS=250mg/L。设沉淀效率为55%。根据性能曲线查得$\mu_0=2.8m/h$，污泥的含水率为98%，试为该处理站设计竖流式初沉池。

解：设计参数：污水在中心管内的流速$v_0=30mm/s=0.03m/s$

表面水力负荷 $q = U_0 = 2.8\text{m}^3/(\text{m}^2 \cdot \text{h})$

（1）估算竖流沉淀池直径，确定池数。设计沉淀池数为四只，池型为圆形，估算单池的直径约为7m，符合要求。

单池流量 $Q' = Q/4 = 100\text{m}^3/\text{h}$

（2）中心管的截面积和直径：

$$f_1 = \frac{Q'}{v_0} = \frac{100/3600}{0.03} = 0.93\text{m}^2 (v_0 \text{ 取 } 0.03\text{m/s})$$

$$d_0 = \sqrt{\frac{4f_1}{\pi}} = \sqrt{\frac{4 \times 0.93}{\pi}} = 1.08\text{m} \approx 1.1\text{m}$$

（3）喇叭口直径 $d_1 = 1.35d = 1.35 \times 1.1 = 1.5\text{m}$。

（4）反射板直径 $= 1.3d_1 = 2.0\text{m}$。

（5）中心管喇叭口到反射板之间的间隙高度

$$h_3 = \frac{Q}{v_1 \pi d_1} = \frac{100/3600}{0.02 \times 3.14 \times 1.5} = 0.29 \approx 0.3\text{m}（\text{取 } v_1 = 0.02\text{m/s}）$$

（6）沉淀区面积

$$f_1 = \frac{Q'}{q} = \frac{100}{2.8} = 35.7\text{m}^2$$

（7）沉淀池直径

$$D = \sqrt{\frac{4(f_1 + f_2)}{\pi}} = \sqrt{\frac{4(35.7 + 0.93)}{\pi}} = 6.8\text{m} \approx 7\text{m}$$

（8）沉淀区的深度：$h_2 = v_t = 2.8 \times 1.3 = 3.64 \approx 3.7\text{m}$（设沉淀时间为1.3h）

$D/h_2 = 7/3.7 = 1.89 < 3$ 符合要求。

（9）污泥斗的高度和体积。取下部截圆锥底直径为0.4m，贮泥斗倾角为55°，则

$$h_5 = (7/2 - 0.4/2)\tan 55° = 4.7\text{m}$$

$$V_1 = (R_2 + R_r + r_2)\pi h_5/3 = (3.5^2 + 3.5 \times 0.2 + 0.2^2)\pi \times 4.7/3 = 64\text{m}^2$$

（10）沉淀池的总高度

$$H = h_1 + h_2 + h_3 + h_4 + h_5 = 0.3 + 3.7 + 0.3 + 0.3 + 4.7 = 9.3\text{m}$$

（11）污泥区的容积。排泥周期按2d设计，则污泥区容积

$$V_w = \frac{24Q'c_0\eta}{1000\gamma(100 - p_0)}T = \frac{24 \times 100 \times 0.25 \times 0.55}{1000 \times 1 \times (1 - 0.98)} \times 2 = 33\text{m}^3$$

5. 已知某城镇污水处理厂设计平均流量为 $Q = 20000\text{m}^3/\text{d}$，服务人口100000人，初沉污泥量按25g/(人·日)，污泥含水率按97%计算，试为该处理站设计曝气沉砂池和平流式沉淀池。

解：

$$Q_{max} = 20000/(24 \times 3600) = 0.23\text{m}^3/\text{s} = 833.3\text{m}^3/\text{h}$$

(1) 曝气式沉砂池。

总有效容积： $V=60\times Q_{max}\times t=60\times 0.23\times 2=27.6m^3$

池断面面积： $A=Q_{max}/V_{min}=0.23/0.08=2.88m^2$

池总宽度： $B=A/H_{min}=$池长 $L=V/A=27.6/2.88=9.58m$

所需曝气量： $q=60D\times Q_{max}=60\times 0.23\times 0.2=2.76m^3/min$

(2) 平流式沉淀池。

沉淀区表面积： $A=Q_{max}/q=833.3/2.5=333.3m^2$

沉淀区有效水深： $h_2=q\times t=2.5\times 1=2.5m$

沉淀区有效容积： $V=A\times h_2=333.3\times 2.5=833.25m^3$

沉淀池长度： $L=3.6\times v\times t=3.6\times 0.0005\times 3600=6.48m$

沉淀区总宽度： $B=A/L=333.3/6.48=51.44m$

沉淀池数量： $n=B/b=51.44/40>1$，取 2

污泥区容积：$V=(S\times N\times T)/1000=(20000\times 1000\times 4\times 3\%)/24\times 1000=100m^2$

沉淀池总高度：$H=h_1+h_2+h_3+h_4=0.3+2.5+0.3+2.1=5.2m$

($S_1=25m^2$，$S_2=1m^2$，$h'_4=0.35m$，$h''_4=1.75m$，$L_1=1.5m$，$L_2=0.3m$)

贮泥池容积： $V=1/3\times h'_4(S_1+S_2)=3.61m^3$

贮泥池以上梯形部分污泥容积： $V=(L_1/2+L_2/2)\times h_4\times b=63m^3$

6. 加压溶气气浮法的基本原理是什么？有哪几种基本流程和溶气方式？各有何特点？

答：加压溶气气浮法的基本原理是空气在加压条件下溶于水中，再使压力降至常压，把溶解的过饱和空气以微气泡的形式释放出来。其工艺流程有全溶气流程、部分溶气流程和回流加压溶气流程 3 种；溶气方式可分为水泵吸水管吸气溶气方式、水泵压水管射流溶气方式和水泵-空压机溶气方式。

全溶气流程是将全部废水进行加压溶气，再经减压释放装置进入气浮池进行固液分离，与其他两个流程相比，其电耗高，但因不另加溶气水，所以气浮池容积小；部分溶气流程是将部分废水进行加压溶气，其余废水直接送入气浮池，该流程比全溶气流程省电，另外因部分废水经溶气罐，所以溶气罐的容积比较小，但因部分废水加压溶气所能提供的空气量较少，因此，若想提供同样的空气量，必须加大溶气罐的压力；回流加压溶气流程将部分出水进行回流加压，废水直接送入气浮池，该法适用于含悬浮物浓度高的废水的固液分离，但气浮池的容积较前两者大。

水泵吸水管吸气溶气方式设备简单，不需空压机，没有空压机带来的噪声；水泵压水管射流溶气方式是利用在水泵压水管上安装的射流器抽吸空气，其缺点是射流器本身能量损失大一般约30%，若采用空气内循环和水内循环，可以大大降低能耗，达到水泵-空压机溶气方式的能耗水平；水泵-空压机溶气方式溶解的空气由空压机提供，压力水可以分别进入溶气罐，也有将压缩空气管接在水泵压入泵上一起进入溶气罐的。

目前常用的溶气方式是水泵-空压机溶气方式。

7. 微气泡与悬浮颗粒相黏附的基本条件是什么？有哪些影响因素？如何改善微气泡与颗粒的黏附性能？

答：微气泡与悬浮颗粒相黏附的基本条件是水中颗粒的润湿接触角大于90°，即为疏水表面，易于为气泡黏附或者水的表面张力较大，即接触角较大，也有利于气粒结合。

影响微气泡与悬浮颗粒相黏附的因素有：界面张力、接触角和体系界面自由能，气-粒气浮体的亲水吸附和疏水吸附，泡沫的稳定性等。

在含表面活性物质很少的废水中加入起泡剂，可以保证气浮操作中泡沫的稳定性，从而增强微气泡和颗粒的黏附性能。

8. 气固比的定义是什么？如何确定适当的气固比？

答：气固比（a）的定义是溶解空气量（A）与原水中悬浮固体含量（S）的比值，即溶解空气量与原水中悬浮固体含量的比值。

气固比的选用涉及出水水质、设备、动力等因素。从节能考虑并达到理想的气浮分离效果，应对所处理的废水进行气浮试验来确定气固比，如无资料或无实验数据时，一般取用0.005~0.006，废水悬浮固体含量高时，可选用上限，低时选用下限。剩余污泥气浮浓缩使气固比一般采用0.03~0.04。

9. 在废水处理中，气浮法与沉淀法相比较，各有何缺点？

答：气浮法：能够分离那些颗粒密度接近或者小于水的细小颗粒，适用于活性污泥絮体不易沉淀或易于产生膨胀的情况，但是产生微细气泡需要能量，经济成本较高。气浮法是一种有效的固-液和液-液分离方法，特别对那些颗粒密度接近或小于水的以及非常细小颗粒，更具有特殊优点。

沉淀法：能够分离那些颗粒密度大于水能沉降的颗粒，而且固液的分离一般不需要能量，但是一般沉淀池的占地面积较大。沉淀法它是利用水中悬浮颗粒的可沉淀性能在重力场的作用下，以达到固液分离的一种过程。主要去除污水中的无机物，以及某些密度较大的颗粒物质。

与气浮法相比较，沉淀法的优点是这一物理过程简便易行，设备简单，固液分离效果良好。与沉淀法相比较气浮法的优点：（1）气浮时间短，一般只需要

15min 左右，去除率高；（2）对去除废水中的纤维物质特别有效，有利于提高资源利用率，效益好；（3）应用范围广。它们缺点是都有局限性，单一化。

10. 某工业废水水量为 $1200m^3/d$，水中悬浮固体浓度为 800mg/L，需要进行气浮法预处理，请为其设计平流气浮处理系统。

解：回流量为：

$$Q_R = \frac{QS_a a}{\rho C_s\left(f\dfrac{P}{P_0} - 1\right)} = \frac{50 \times 800 \times 0.03}{1.164 \times 18.7 \times \left(0.9 \times \dfrac{0.4}{0.1} - 1\right)} = 21.2m^3/h$$

接触室表面积为：$A_c = \dfrac{Q + Q_R}{u_c} = \dfrac{50 + 20.2}{36} = 1.95m^2$

分离室表面积：　$A_S = \dfrac{Q}{q} = \dfrac{50}{8} = 6.25m^2$

气浮池净体积：　$V = (A_C + A_S)H = (1.95+6.25)\times 2 = 16.4m^3$

11. 如何改进及提高沉淀或浮上分离效果？

答：为了提高气浮的分离效果，要保持水中表面活性物质的含量适度，对含有细分散亲水性颗粒杂质的工业废水，采用气浮法处理时，除应用投加电解质混凝剂进行电中和方法外，还可用向水中投加浮选剂，使颗粒的亲水性表面改变为疏水性，使其能与气泡黏附。

影响沉淀分离效果的因素有沿沉淀池宽度方向水流速度分布的不均匀性和紊流对去除率的影响，其中宽度方向水流速度分布的不均匀性起主要作用。所以为了提高沉淀的分离效果，在沉淀池的设计过程中，为了使水流均匀分布，应严格控制沉淀区长度、长宽比、长深比。

1.3　污水生物处理的基本概念和生化反应动力学基础

1. 简述好氧生物和厌氧生物处理有机污水的原理和适用条件。

答：好氧生物处理：在有游离氧（分子氧）存在的条件下，好氧微生物降解有机物，使其稳定、无害化的处理方法。微生物利用废水中存在的有机污染物（以溶解状与胶体状的为主），作为营养源进行好氧代谢。这些高能位的有机物质经过一系列的生化反应，逐级释放能量，最终以低能位的无机物质稳定下来，达到无害化的要求，以便返回自然环境或进一步处置。适用于中、低浓度的有机废水，或者说 BOD_5 浓度小于 500mg/L 的有机废水。

厌氧生物处理：在没有游离氧存在的条件下，兼性细菌与厌氧细菌降解和稳定有机物的生物处理方法。在厌氧生物处理过程中，复杂的有机化合物被降解、转化为简单的化合物，同时释放能量。适用于有机污泥和高浓度有机废水（一般 $BOD_5 \geqslant 2000$mg/L）。

2. 某种污水在一连续进水和完全均匀混合的反应器中进行处理，反应不可逆，符合一级反应（$v=-kS$），反应速率常数 k 为 $0.15d^{-1}$，求当反应池容积为 $20m^3$，反应效率为 98%时，该反应池能够处理的污水流量为多大？

解：设 Q 为污水流量，S 为底物浓度：则 $Q \times S = 20 \times v = k \times S \times 20$

则：

$$Q = 20k = 0.15 \times 20 = 3m^3/d$$

$$Q_{实} = Q/98\% = 3.06m^3/d$$

3. 简述城镇污水生物脱氮过程的基本步骤。

答：微生物经氨化反应分解有机氮化合物生成 NH_3，再在亚硝化菌和硝化菌的作用下，经硝化反应生成（亚）硝酸盐，最后经反硝化反应将（亚）硝酸盐还原为氮气。当进水氨氮浓度较低时，同化作用也可能成为脱氮的主要途径。污水生物脱氮过程氮的转化主要包括氨化、硝化和反硝化作用。

（1）氨化：微生物分解有机氮化合物产生氨的过程称为氨化反应。在氨化微生物作用下，有机氮化合物在好氧或厌氧条件下分解、转化为氨态氮。（2）硝化反应：在亚硝化菌和硝化菌的作用下，将氨态氮转化为亚硝酸盐（NO_2^-）和硝酸盐（NO_3^-）。（3）反硝化反应：在缺氧条件下，NO_2^- 和 NO_3^- 在反硝化菌的作用下被还原为氮气。

4. 简述生物除磷的原理。

答：在厌氧-好氧交替运行的系统中，聚磷微生物（PAOs）具有的厌氧释磷及好氧超量吸磷的特性，使好氧段中混合液磷的浓度大量降低，最终通过排放含有大量富磷污泥而达到从污水中除磷的目的。

1.4 活性污泥法

1. 活性污泥法的基本概念和基本流程是什么？

答：活性污泥是指由细菌、菌胶团、原生动物、后生动物等微生物群体及吸附的污水中有机和无机物质组成的、有一定活力的、具有良好的净化污水功能的絮绒状污泥。

活性污泥法是利用悬浮生长的微生物絮体处理有机废水一类好氧生物的处理方法。

活性污泥法处理流程包括曝气池、二沉池、污泥回流及剩余污泥排除系统等基本组成部分，具体流程如图 1-2 所示。

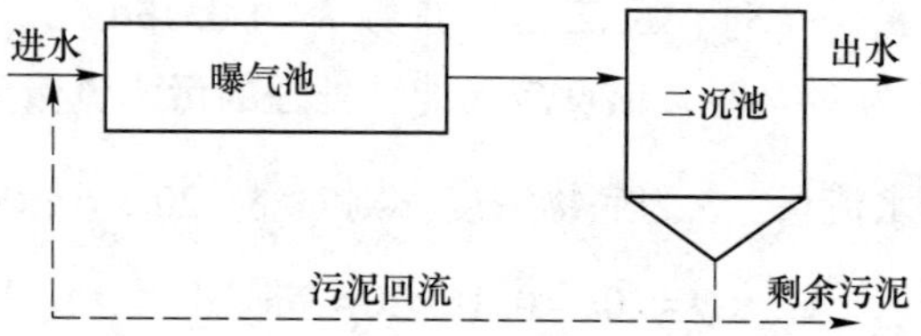

图 1-2　活性污泥法处理流程

废水经过预处理后，进入曝气池与池内的活性污泥混合成混合液，并在池内充分曝气，一方面使活性污泥处于悬浮状态，废水与活性污泥充分接触；另一方面，通过曝气，向活性污泥供氧，保持好氧条件，保证微生物的正常生长。废水中有机物在曝气池内被活性污泥吸附、吸收和氧化分解后，混合液进入二次沉淀池，进行固液分离，净化的废水排出。大部分二沉池的沉淀污泥回流到曝气池进口，与进入曝气池的废水混合。

2. 常用的活性污泥法曝气池的基本形式有哪些？

答： 曝气池实质上是一个反应器，它的池型与所需的水力特征及反应要求密切相关，主要分为推流式、完全混合式、封闭环流式及序批式四大类。

推流式曝气池：污水及回流污泥一般从池体的一端进入，水流呈推流型，底物浓度在进口端最高，沿池长逐渐降低，至池出口端最低。

完全混合式曝气池：污水一进入曝气反应池，在曝气搅拌作用下立即和全池混合，曝气池内各点的底物浓度、微生物浓度、需氧速率完全一致。

封闭环流式反应池：结合了推流和完全混合两种流态的特点，污水进入反应池后，在曝气设备的作用下被快速、均匀地与反应器中混合液进行混合，混合后的水在封闭的沟渠中循环流动。封闭环流式反应池在短时间内呈现推流式，而在长时间内则呈现完全混合特征。

序批式反应池（SBR）：属于“注水—反应—排水”类型的反应器，在流态上属于完全混合，但有机污染物却是随着反应时间的推移而被降解的。其操作流程由进水、反应、沉淀、出水和闲置五个基本过程组成，从污水流入到闲置结束构成一个周期，所有处理过程都是在同一个设有曝气或搅拌装置的反应器内依次进行，混合液始终留在池中，从而不需另外设置沉淀池。

3. 活性污泥法有哪些主要运行方式？各运行方式有何特点？

答：（1）传统推流式：污水和回流污泥在曝气池的前端进入，在池内呈推流式流动至池的末端，充氧设备沿池长均匀布置，会出现前半段供氧不足，后半段供氧超过需要的现象。

（2）渐减曝气法：渐减曝气布置扩散器，使布气沿程递减，而总的空气量有所减少，这样可以节省能量，提高处理效率。

（3）分步曝气：采用分点进水方式，入流污水在曝气池中分 3~4 点进入，均衡了曝气池内有机污染物负荷及需氧率，提高了曝气池对水质、水量冲击负荷的能力。

（4）完全混合法：进入曝气池的污水很快被池内已存在的混合液所稀释、均化，入流出现冲击负荷时，池液的组成变化较小，即该工艺对冲击负荷具有较强的适应能力；污水在曝气池内分布均匀，F/M 值均等，各部位有机污染物降解工况相同，微生物群体的组成和数量几近一致；曝气池内混合液的需氧速率均衡。

（5）浅层曝气法：其特点为气泡形成和破裂瞬间的氧传递速率是最大的。在水的浅层处用大量空气进行曝气，就可以获得较高的氧传递速率。

（6）深层曝气法：在深井中可利用空气作为动力，促使液流循环。并且深井曝气池内，气液紊流大，液膜更新快，促使 K_La 值增大，同时气液接触时间延长，溶解氧的饱和度也由深度的增加而增加。

（7）高负荷曝气法：在系统与曝气池构造方面与传统推流式活性污泥法相同，但曝气停留时间共 1.5~3.0h，曝气池活性污泥处于生长旺盛期。主要特点是有机容积负荷或污泥负荷高，但处理效果低。

（8）克劳斯法：把厌氧消化的上清液加到回流污泥中一起曝气，然后再进入曝气池，克服了高碳水化合物的污泥膨胀问题。而且消化池上清液中富有氨氮，可以供应大量碳水化合物代谢所需的氮。消化池上清液夹带的消化污泥相对密度较大，有改善混合液沉淀性能的功效。

（9）延时曝气法：曝气时间很长，活性污泥在时间和空间上部分处于内源呼吸状态，剩余污泥少而稳定，无须消化，可直接排放。该工艺还具有处理过程稳定性高，对进水水质、水量变化适应性强，不需要初沉池等优点。

（10）接触稳定法：混合液的曝气完成了吸附作用，回流污泥的曝气完成稳定作用。该工艺特点是污水与活性污泥在吸附池内吸附时间较短，吸附池容积较小，再生池的容积也较小，另外也具有一定的抗冲击负荷能力。

（11）氧化沟：氧化沟是延时曝气法的一种特殊形式，它的池体狭长，池深较浅，在沟槽中设有表面曝气装置。曝气装置的转动，推动沟内液体迅速流动，具有曝气和搅拌两个作用，使活性污泥呈悬浮状态。

（12）纯氧曝气法：纯氧代替空气，可以提高生物处理的速度。在密闭的容器中，溶解氧的饱和度可提高，氧溶解的推动力也随着提高，氧传递速率增加了，因而处理效果好，污泥的沉淀性也好。吸附—生物降解工艺；处理效果稳定，具有抗冲击负荷和 pH 值变化的能力。该工艺还可以根据经济实力进行分期建设。

（13）序批式活性污泥法：工艺系统组成简单，不设二沉池，曝气池兼具二沉池的功能，无污泥回流设备；耐冲击负荷，在一般情况下（包括工业污水处理）无须设置调节池；反应推动力大，易于得到优于连续流系统的出水水质；运行操作灵活，通过适当调节各单元操作的状态可达到脱氮除磷的效果；污泥沉淀性能好，*SVI* 值较低，能有效地防止丝状菌膨胀；该工艺的各操作阶段及各项运行指标可通过计算机加以控制，便于自控运行，易于维护管理。

4. 解释污泥泥龄的概念，说明它在污水处理系统设计和运行管理中的作用。

答：污泥泥龄即生物固体停留时间，其定义为在处理系统（曝气池）中微生物的平均停留时间。在工程上，就是指反应系统内微生物总量与每日排出的剩余微生物量的比值。活性污泥泥龄是活性污泥处理系统设计、运行的重要参数。在曝气池设计中的活性污泥法，即是因为出水水质、曝气池混合液污泥浓度、污泥回流比等都与污泥泥龄存在一定的关系，由活性污泥泥龄即可计算出曝气池的容积。而在剩余污泥的计算中也可根据污泥泥龄直接计算每天的剩余污泥。而在活性污泥处理系统运行管理过程中，污泥泥龄也会影响到污泥絮凝的效果。另外污泥泥龄也有助于进一步了解活性污泥法的某些机理，而且还有助于说明活性污泥中微生物的组成。

5. 从气体传递的双膜理论，分析氧传递的主要影响因素。

答：气体传递的双膜理论的基点是认为在气液界面存在着两层膜（即气膜和液膜）这一物理现象。这两层薄膜使气体分子从一相进入另一相时受到了阻力。当气体分子从气相向液相传递时，若气体的溶解度低，则阻力主要来自液膜。

影响氧传递的因素主要有：

（1）污水水质：水中各种杂质如某些表面活性物质会在气液界面处集中，形成一层分子膜，增加了氧传递的阻力，影响了氧分子的扩散。

（2）水温：水温对氧的转移影响较大，水温上升，水的黏度降低，液膜厚度减小，扩散系数提高；反之，扩散系数降低。

(3) 氧分压：气相中的氧分压直接影响到氧传递的速率。气相中氧分压增大，则传递速率加快；反之，则速率降低。

总的来说，气相中氧分压、液相中氧的浓度梯度、气液间的接触面积和接触时间、水温、污水的性质、水流的紊流程度等因素都影响着氧的转移速率。

6. 生物脱氮、除磷的环境条件要求和主要影响因素是什么？说明主要生物脱氮、除磷工艺的特点。

答：生物脱氮、除磷影响因素有：(1) 环境因素，如温度、pH 值、DO；(2) 工艺因素，如污泥泥龄、各反应区的水力停留时间、二沉池的沉淀效果；(3) 污水成分，如污水中易降解有机物浓度，BOD_5 与 N、P 的比值等。

生物脱氮流程中必须设置氨氮硝化的好氧区，好氧区的水力停留时间和污泥泥龄必须满足氨氮硝化的要求，污泥泥龄通常大于 6 天，同时还应具备缺氧区或缺氧时间段以完成生物反硝化过程，在缺氧区不仅需要供给硝酸盐溶液，还需要提供碳源作为反硝化过程的电子供体，常用的作为电子供体的有机物为流入污水中的有机物。碳源不足时需另外投加碳源。

硝化过程的影响因素：

(1) 好氧环境条件，并保持一定的碱度：硝化菌为了获得足够的能量用于生长，必须氧化大量的 NH_3 和 NO_2^-，氧是硝化反应的电子受体，反应器内溶解氧含量的高低，必将影响硝化反应的进程，在硝化反应的曝气池内，溶解氧含量不得低于 1mg/L，多数学者建议溶解氧应保持在 1.2~2.0mg/L。在硝化反应过程中，释放 H^+，使 pH 值下降，硝化菌对 pH 值的变化十分敏感，为保持适宜的 pH 值，应当在污水中保持足够的碱度，以调节 pH 值的变化，1g 氨态氮（以 N 计）完全硝化，需碱度（以 $CaCO_3$ 计）7.14g。对硝化菌适宜的 pH 值为 8.0~8.4。

(2) 混合液中有机物含量不应过高：硝化菌是自养菌，有机基质浓度并不是它的增殖限制因素，若 BOD 值过高，将使增殖速度较快的异养型细菌迅速增殖，从而使硝化菌不能成为优势种属。

(3) 硝化反应的适宜温度是 20~30℃，15℃以下时，硝化反应速度下降，5℃时完全停止。

(4) 硝化菌在反应器内的停留时间，即生物固体平均停留时间（污泥泥龄）SRT_n，必须大于其最小的世代时间，否则将使硝化菌从系统中流失殆尽，一般认为硝化菌最小世代时间在适宜的温度条件下为 3 天。SRT_n 值与温度密切相关，温度低，SRT_n 取值应相应明显提高。

(5) 除有毒有害物质及重金属外，对硝化反应产生抑制作用的物质还有高浓度的 NH_4-N、高浓度的 NO_x-N、高浓度的有机基质、部分有机物以及络合阳离子等。

反硝化过程的影响因素：

（1）碳源：能为反硝化菌所利用的碳源较多，从污水生物脱氮考虑，可有下列三类：一是原污水中所含碳源，对于城市污水，当原污水 $BOD_5/TKN>3\sim5$ 时，即可认为碳源充足；二是外加碳源，多采用甲醇（CH_3OH），因为甲醇被分解后的产物为 CO_2 和 H_2O，不留任何难降解的中间产物；三是利用微生物组织进行内源反硝化。

（2）pH 值：对反硝化反应，最适宜的 pH 值是 6.5~7.5。pH 值高于 8 或低于 6，反硝化速率将大为下降。

（3）溶解氧浓度：反硝化菌属异养兼性厌氧菌，在无分子氧同时存在硝酸根离子和亚硝酸根离子的条件下，它们能够利用这些离子中的氧进行呼吸，使硝酸盐还原。另一方面，反硝化菌体内的某些酶系统组分，只有在有氧条件下，才能够合成。这样，反硝化反应宜于在缺氧、好氧条件交替的条件下进行，溶解氧应控制在 0.5mg/L 以下。

（4）温度：反硝化反应的最适宜温度是 20~40℃，低于 15℃反硝化反应速率最低。为了保持一定的反硝化速率，在冬季低温季节，可采用如下措施：提高生物固体平均停留时间；降低负荷率；提高污水的水力停留时间。

生物脱氮工艺：

（1）三段生物脱氮工艺：将有机物氧化、硝化以及反硝化段独立开来，每一部分都有其自己的沉淀池和各自独立的污泥回流系统。

（2）Bardenpho 生物脱氮工艺：设立两个缺氧段，第一段利用原水中的有机物为碳源和第一好氧池中回流的含有硝态氮的混合液进行反硝化反应。为进一步提高脱氮效率，废水进入第二段反硝化反应器，利用内源呼吸碳源进行反硝化。曝气池用于吹脱废水中的氮气，提高污泥的沉降性能，防止在二沉池发生污泥上浮现象。

（3）缺氧—好氧生物脱氮工艺：该工艺将反硝化段设置在系统的前面，又称前置式反硝化生物脱氮系统。反硝化反应以水中的有机物为碳源，曝气池中含有大量的硝酸盐的回流混合液，在缺氧池中进行反硝化脱氮。

生物除磷过程需设置厌氧区和好氧区，同时活性污泥需要不断经过厌氧区磷释放和好氧区磷吸收，通过排除经过好氧区以后富含磷的污泥使污水中磷得以有效去除。生物除磷的厌氧过程对污水中碳源的品质和数量有更高的要求，最理想的碳源为挥发性脂肪酸，其次为易发酵的有机物。

生物除磷影响因素：

（1）厌氧环境条件：

1）氧化还原电位：Barnard、Shapiro 等人研究发现，在批次试验中，反硝化完成后，ORP 突然下降，随后开始放磷，放磷时 ORP 一般小于 100mV；

2）溶解氧浓度：厌氧区如存在溶解氧，兼性厌氧菌就不会启动其发酵代谢，不会产生脂肪酸，也不会诱导放磷，好氧呼吸会消耗易降解有机质；

3）NO_x^- 浓度：产酸菌利用 NO_x^- 作为电子受体，抑制厌氧发酵过程，反硝化时消耗易生物降解有机质。

（2）有机物浓度及可利用性：碳源的性质对吸放磷及其速率影响极大，传统水质指标很难反映有机物组成和性质，ASM 模型对其进一步划分为：

1）1987 年发展的 ASM_1：$CODtot=SS+S_I+X_S+X_I$

2）1995 年发展的 ASM_2：溶解性与颗粒性：$S_A+S_F+S_I+X_S+X_I$

S 表示溶解性组分，X 表示颗粒性组分；下标 S 为溶解性，I 为惰性，A 为发酵产物，F 为可发酵的易生物降解的。

（3）污泥泥龄：污泥泥龄影响着污泥排放量及污泥含磷量，污泥泥龄越长，污泥含磷量越低，去除单位质量的磷须同时耗用更多的 BOD。Rensink 和 Ermel 研究了污泥泥龄对除磷的影响，结果表明：SRT＝30 天时，除磷效果 40%；SRT＝17 天时，除磷效果 50%；SRT＝5 天时，除磷效果 87%。同时脱氮除磷系统应处理好泥龄的矛盾。

（4）pH 值：与常规生物处理相同，生物除磷系统合适的 pH 值为中性和微碱性，不合适时应调节。

（5）温度：在适宜温度范围内，温度越高释磷速度越快；温度低时应适当延长厌氧区的停留时间或投加外源 VFA。

（6）其他：影响系统除磷效果的还有污泥沉降性能和剩余污泥处置方法等。

常用脱氮除磷工艺性能特点见表 1-1。

表 1-1 常用脱氮除磷工艺性能特点

工艺	优 点	缺 点
A_N/O	在好氧前去除 BOD，节能；硝化前产生碱度；前缺氧具有选择池的作用	脱氮效果受内循环比影响；脱氮效果受内循环比影响
A_P/O	工艺过程简单；水力停留时间短；污泥沉降性能好；聚磷菌碳源丰富，除磷效果好	如有硝化发生除磷效果会降低；工艺灵活性差
倒置 A^2/O	同时脱氮除磷；反硝化过程为硝化提供碱度；水力停留时间短；反硝化过程同时除去有机物；污泥沉降性能好	回流污泥含有硝酸盐进入厌氧区，对除磷效果有影响；脱氮受回流比影响；聚磷菌和反硝化菌都需要易降解有机物
UCT	减少了进入厌氧区的硝酸盐量，提高了除磷效率；对有机物浓度偏低的污水，除磷效率有所改善；脱氮效果好	操作较为复杂；需增加附加回流系统
Bardenpho	脱氮效果优秀；污泥沉降性能好	池体分隔较多；池体容积较大

续表 1-1

工艺	优　点	缺　点
PhoStrip	易于与现有设施结合及改造；过程灵活性好；除磷性能不受进水有机物浓度限制；加药量比采用化学沉淀法小很多；出水磷酸盐浓度可稳定小于 1mg/L	需要投加化学药剂；混合液需保持较高 DO 浓度，以防止磷在二沉池中释放；需附加池体用于磷的解吸；如使用石灰可能存在结垢问题
SBR 及变形工艺	单池运行，占地省；可同时脱氮除磷；静置时间可获得低 SS 出水；耐受水利冲击负荷；操作灵活性好；无回流，或回流量小	同时脱氮除磷时操作复杂；滗水设施的可靠性对出水水质影响大；设计过程复杂；维护要求高，运行对自动控制依赖性强；池体容积较大；设备利用低；出水不连续

7. 如何计算脱氮、除磷系统的厌氧池、缺氧池及曝气池容积、曝气池需氧量和剩余污泥量？

答：缺氧池体积计算：$V_n = \dfrac{Q(N_k - N_{te}) - 0.12\Delta X_v}{K_{de}X_v}$

厌氧池：
$$V_P = Q \cdot t_p$$

好氧池：
$$V = \frac{QY\theta_{CO}(S_0 - S_E)}{X_v(1 + K_d\theta_{CO})}$$

曝气池需氧量：
$$O_2 = \frac{Q(S_0 - S_e)}{0.68} - 1.42\Delta X_v$$

剩余污泥量：
$$\Delta X = \frac{YQ(S_0 - S_e)}{1 + K_d\theta_c}$$

8. 试分析污水中 COD 的组成，并说明它们在污水处理系统中的去除途径。

答：COD 分为可生物降解 COD 和不可生物降解 COD。由于不可生物降解的颗粒态 COD（nbpCOD）是有机物质，因此它也是污水中 VSS 浓度和活性污泥混合液悬浮固体的成分，可称为不可生物降解的挥发性悬浮固体（nbVSS）。污水进水也会含有非挥发性悬浮固体，加入到活性污泥的 MLSS 浓度中去，这些固体是进水中的惰性 SS（iSS），并可用污水进水中 TSS 和 VSS 之差予以量化。至于 bCOD，rbCOD 部分很快被微生物所利用，而颗粒态和胶体 COD 必须首先被胞外酶溶解，降解速率就慢得多。

9. 二沉池的功能和构造与一般沉淀池有什么不同？在二沉池中设置斜板为什么不能取得理想效果？

答：二沉池的功能要考虑固液分离和污泥浓缩的要求。

活性污泥法中的二沉池在功能上要同时满足澄清和污泥浓缩两个方面的要求，它的工作效果将直接影响系统的出水水质和回流污泥浓度，二沉池中发生的沉淀为絮凝沉淀和压缩沉淀，和一般沉淀池中发生的沉淀不同，故结构也不同。

在二沉池中沉淀形式主要是成层沉淀而非自由沉淀，在二沉池中设置斜板后，实践上可以适当提高池子的澄清能力，这是由于斜板的设置可以改善布水的有效性和提高斜板间的弗劳德数，而不属于浅池理论原理。而且假设斜板既增加了二沉池基建投资，又会由于斜板上积存污泥，造成运行上的麻烦。

二沉池的构造可与污水处理厂的初沉池类似，可以采用平流式、竖流式和辐流式。但在构造上要注意以下几点：

（1）二沉池的进水部分要仔细考虑，应使布水均匀并造成有利于絮凝的条件，使污泥絮凝结大。

（2）二沉池中污泥絮凝体较轻，容易被水挟走，因此要限制出流堰处的流速，可在池面设置更多的出水堰槽，使单位堰长的出水量符合规范要求，一般二沉池出水堰最大负荷不大于 1.17L/(s·m)。

（3）污泥斗的容积要考虑污泥浓缩的要求。

（4）二沉池应设置浮渣的收集、撇除、输送和处置装置。

斜板可以提高沉淀效能的原理主要适用于自由沉淀，但在二沉池中，沉淀形式主要属于成层沉淀而非自由沉淀。

1.5 生物膜法

1. 什么是生物膜法？生物膜法有哪些特点？

答：污水的生物膜处理法是与活性污泥法并列的一种污水好氧生物处理技术。这种处理法的实质是细菌一类的生物和原生动物、后生动物一类的微型动物附着在滤料或某些载体上生长繁育，并在其上形成膜状生物污泥——生物膜。污水与生物膜接触，污水中的有机污染物，作为营养物质，为生物膜上的微生物所摄取，污水得到净化，微生物自身也得到繁衍增殖。

生物膜法具有以下特点：

（1）附着于固体表面的生物膜对废水水质、水量的变化有较强的适应性，操作稳定性好。

（2）不会发生污泥膨胀，运转管理较方便。

（3）由于微生物附着于固体表面，即使增殖速度慢的微生物也能生长繁殖。

（4）因高营养级的微生物存在，有机物代谢时较多的转化为能量，合成新细胞即剩余污泥量较少。

（5）多采用自然通风供氧。

（6）活性生物量难以人为控制，因而在运行方面灵活性较差。

（7）由于载体材料的比表面积小，因此设备容积负荷有限，空间效率较低。

2. 试述生物膜法处理污水的基本原理？

答： 生物膜法是使细菌和菌类一类的微生物和原生动物、后生动物一类的微型动物附着在滤料或某些载体上生长繁殖，并在其上形成膜状生物污泥——生物膜。污水与生物膜接触，污水中的有机物，作为营养物质，为生物膜上的微生物所摄取，污水得到净化，微生物自身也得到繁衍增殖。

3. 比较生物膜法和活性污泥法的优缺点。

答： 生物膜法和活性污泥法的优缺点见表 1-2。

表 1-2　生物膜法和活性污泥法的优缺点

处理方法	优　点	缺　点
活性污泥法	BOD 和 SS 去除率高，可达 90%～95%，适于处理要求高，水质稳的废水	对水质变化适应差；实际需氧前大后小，使前段氧少，后段氧余；曝气池容积负荷低，占地面积大，基建费高
生物膜法	生物膜对水质，水量变化适应性强，稳定性好；无污泥膨胀，运转管理方便；生物膜中生物相丰富，生物种群呈一定分布；有高营养级别微生物存在，产能多，剩余污泥少；自然通风供氧，省能耗	运行灵活性差，难以人为控制；载体比表面积小，设备容积负荷小，空间效率低；处理效率差，BOD 去除率 80% 左右，出水 BOD 一般为 28mg/L（活性污泥法 BOD>90%，出水 14mg/L）

4. 生物膜的形成一般有哪几个过程？与活性污泥相比有什么区别？

答：（1）潜伏期或适应期。微生物在经历不可逆附着过程后，开始逐渐适应生存环境，并在载体表面逐渐形成小的、分散的微生物。这些初始菌落首先在载体表面不规则处形成。这一阶段的持续时间取决于进水浓度以及载体表面特性。在实际生物膜反应器启动时，要控制这一阶段是很困难的。

（2）对数期或动力学增长期。在适应期形成的分散菌落开始迅速增长，逐渐覆盖载体表面。生物膜厚度可以达到几十微米。多聚糖及蛋白质产率增加，大量消耗溶解氧，后期氧成为限制因素，此阶段结束时，生物膜反应器的出水底物浓度基本达到稳定值，这个阶段决定了生物膜反应器内底物的去除效率及生物膜自身增长代谢的功能。

（3）线性增长期。生物膜在载体表面以恒速率增长，出水底物浓度不随生物量的积累而显著变化；其耗氧速率保持不变；此阶段生物膜总量的积累主要源于非活性物质。此时生物膜活性生物量所占比例很小，且随生物膜总量的增长呈下降趋势。原因是：可剩余有效载体表面饱和；禁锢作用明显，有毒或抑制性物质的积累。这个阶段对底物的去除没有明显的贡献，但在流化床反应器内，这个阶段可以改变生物颗粒的体积特性。

（4）减数增长期。由于生存环境质量的改变以及水力学的作用，出现了生物膜增长速率变慢，这一阶段是生物膜在某一质量和膜厚上达到的稳定的过渡期。此时生物膜对水力学剪切作用极为敏感。生物膜结构疏松，出水中悬浮物的浓度明显增高，末期生物膜质量及厚度都趋于稳定，运行系统也接近稳定。

（5）生物膜稳定期。生物膜新生细胞与由于各种物理力所造成的生物膜损失达到平衡。次阶段，生物膜相及液相均已达到稳定状态。在生物膜反应器运行中，生物膜稳定期的维持一直认为是过程稳定性的必要保证。而在三相流化床等生物反应器中，在高底物浓度、高剪切力作用下，这一阶段时间很短，甚至不出现。

（6）脱落期。随着生物膜的成熟，部分生物膜发生脱落。生物膜内微生物自身氧化、内部厌氧层过厚以及生物膜与载体表面间相互作用等因素可加速生物膜脱落。另外，某些物理作用也可以导致生物膜脱落。此阶段中，出水悬浮物浓度增高，直接影响出水水质；底物降解过程受到影响，其结果是底物去除率降低，而在运行生物膜反应器时应该尽量避免生物膜大量脱落。

5. 生物膜法有哪几种形式？试比较它们的特点。

答：生物膜法的形式和特点见表1-3。

表1-3 生物膜法的形式和特点

形式	优点	缺点
生物滤池	处理效果好，BOD_5的去除率可达90%以上，出水BOD_5可下降到25mg/L以下，硝酸盐含量在10mg/L左右，出水水质稳定；处理效果好；运行稳定、易于管理、节省能源	占地面积大、不适于处理量大的污水；滤料易于堵塞；产生滤池蝇，恶化环境卫生；喷嘴喷洒污水，散发臭味
生物转盘	不需曝气和回流，运行时动力消耗和费用低；运行管理简单，技术要求不高；工作稳定，适应能力强；适应不同浓度、不同水质的污水；剩余污泥量少，易于沉淀脱水；没有滤池蝇、恶臭、堵塞、泡沫、噪声等问题；可多层立体布置；一般需加开孔防护罩保护、保温	占地面积大；散发臭气；寒冷地区需加保温装置
生物接触氧化法	具有较高的微生物浓度，一般可达10~20g/L；生物膜具有丰富的生物相，含有大量丝状菌，形成了稳定的生态系统，污泥产量低；具有较高的氧利用率；具有较强的耐冲击负荷能力；生物膜活性高；没有污泥膨胀的问题	滤床易堵塞和更换，运行费用较高

续表 1-3

形式	优　点	缺　点
生物流化床	容积负荷高，抗冲击负荷能力强；微生物活性高；传质效果好	设备磨损较固定床严重，生产运行过程中设备堵塞，曝气方法、进水配水系统选用复杂及生物颗粒流失等

6. 试述各种生物膜法处理构筑物的基本构造及其功能。

答：普通生物滤池：由池体、滤料、布水装置和排水系统等四个部分所组成。

（1）池体：普通生物滤池在平面上多呈方形或矩形。四周筑墙称之为池壁，池壁具有维护滤料的作用，应当能够承受滤料的压力，一般多用砖石构造。池壁可构成带孔洞的和不带孔洞的两种形式，有孔洞的赤壁有利于滤料内部的通风，但在低温季节，易受低温的影响，使净化功能降低。为了防止风力对池表面均匀布水的影响，池壁一般应高出滤料表面 0.5~0.9m。池体底部为池底，它的作用是支撑滤料和排除处理后的污水。

（2）滤料：滤料是生物滤池的主体，它对生物滤池的净化功能有直接影响。

（3）布水装置：生物滤池布水装置的首要任务是向滤池表面均匀的散布污水。此外，还应具有适应水量的变化、不易堵塞和易于清通以及不受风雪的影响等特征。

（4）排水系统：生物滤池的排水系统设于池的底部，它的作用有两个：一是排除处理后的污水；二是保证滤池的良好通风。

高负荷生物滤池：在构造上，高负荷生物滤池与普通生物滤池基本相同，但也有不同之处，其中主要有以下各项：

（1）高负荷生物滤池在表面上多为圆形。

（2）高负荷生物滤池多使用旋转式的布水装置，即旋转布水器。

塔式生物滤池：在构造上由塔身、滤料、布水系统、通风及排水装置所组成。

（1）塔身：塔身主要起围挡滤料的作用。

（2）滤料：宜采用轻质滤料。

（3）布水系统：塔式生物滤池的布水装置与一般的生物滤池相同，对大、中型滤塔多采用电机驱动的旋转布水器，小型滤塔则多采用固定式喷嘴布水系统。

（4）通风：一般采用自然通风。

曝气生物滤池：设备与给水处理的快滤池相类似。池类底部设承托层，其上部则是作为滤料的填料。在承托层设置曝气用的空气管及空气扩散装置，处理水集水管兼作反冲洗水管也设置在承托层内。

生物转盘：生物转盘设备是由盘片、接触反应槽、转轴和驱动装置4部分组成。

（1）盘片：是生物转盘的主要部件，应具有轻质高强、耐腐蚀、耐老化、易于挂膜、不变形，比表面积大、易于取材、便于加工安装等性质。

（2）接触反应槽：不小于盘片直径的35%浸没于接触反应槽的污水中，接触反应槽应呈与盘片材料外形基本吻合的半圆形。

（3）转轴：是支撑盘片并带动其旋转的重要部件。

（4）驱动装置：包括动力设备、减速装置以及传动链条等，我国一般采用电力传动。

7. 生物滤池有几种形式？各适用于什么具体条件？

答：低负荷生物滤池（现在已经基本上不常用）：仅在污水量小、地区比较偏僻、石料不贵的场合尚有可能使用。

高负荷生物滤池（大多采用）：适用于大部分污水处理过程，水力负荷及有机负荷都比较高。

8. 影响生物滤池处理效率的因素有哪些？它们如何影响处理效果的？

答：影响生物滤池处理效率的因素有：

（1）滤池高度。滤床上层，污水中有机物浓度较高，微生物繁殖速率高，种属较低级，以细菌为主，生物膜量较多，有机物去除速率较高。随着滤床深度增加，微生物从低级趋向高级，种类逐渐增多，生物膜量从多到少。研究表明，生物滤池的处理效率在一定条件下是随着滤床高度的增加而增加的，在滤床高度超过某一数值后，处理效率的提高微不足道，是不经济的。

（2）负荷。负荷是影响生物滤池性能的主要参数，通常分为有机负荷和水力负荷。

（3）处理水回流。回流对生物滤池性能有下述影响：1）回流可提高生物滤池的滤速，它是使生物滤池由低负荷变为高负荷的方法之一；2）提高滤率有利于防止灰蝇和减少恶臭；3）当进水缺氧、腐化、缺少营养元素或含有有毒有害物质时，回流可改善进水的腐化状况，提供营养元素和降低毒物浓度；4）进水的水质水量有波动说，回流有调节和稳定进水的作用。

（4）供氧。向生物滤池供给充足的氧是保证生物膜正常工作的必要条件，也有利于排除代谢产物。

9. 影响生物转盘处理效率的因素有哪些？它们如何影响处理效果的？

答：影响生物转盘处理效率的因素有：水力负荷、转盘的转速、级数、水温和溶解氧等。水力负荷对出水水质和 BOD_5 去除率有明显的影响；生物转盘的转速也是影响处理效果的重要因素，包括影响溶解氧的供给、微生物与污水的接触、污水的混合程度和传质、过剩生物膜的脱落，从而影响有机物的去除率。

10. 某工业废水水量为 $600m^3/d$，BOD_5 为 430mg/L，经初沉池后进入高负荷生物率池处理，要求出水 $BOD_5 \leqslant 30mg/L$，试计算高负荷生物率池尺寸和回流比。

解：设回流稀释后进水 BOD_5 为 250mg/L

$$430Q_1 + 30Q_2 = 250(Q_1 + Q_2)$$

$$\text{回流比} = Q_2/Q_1 = 0.82$$

设有机负荷　$L_v = 1.2kg/(m^3 \cdot d)$

$$V = Q_s/(L_v \cdot 1000000) = 215m^3$$

设池深为 2.5m，$A = V/H = 86m^2$

采用 5 个池，则：　$A_1 = A/5 = 17.2m^2$

直径　$D = \sqrt{4A_1/3.14} = 4.68m$

11. 某印染厂废水量为 $1000m^3/d$，废水平均 BOD_5 为 170mg/L，COD 为 600mg/L，试计算生物转盘尺寸。

解：转盘总面积：

$$A = (QS)/L = (1000 \times 170)/30 = 5666.7m^2$$

转盘盘片数：$m = 0.64A/D_2 = 0.64 \times 5666.7/1.5 = 2417.8$

因此转盘片数取 2418 片。

处理池有效长度：$L = m(a + b)K = 2418 \times (25 + 20) \times 1.2 = 130.6m$

则　$V = 0.32 \times (D + 2k)(D + 2k)L = 0.32 \times (1.5 + 2 \times 0.25) \times (1.5 + 2 \times 0.25) \times 130.6 = 167.2m^2$

转盘的转速设为 3.0r/min。

12. 某印染厂废水量为 $1500m^3/d$，废水平均 BOD_5 为 170mg/L，COD 为 600mg/L，采用生物接触池处理，要求出水 $BOD_5 \leqslant 20mg/L$，$COD \leqslant 250mg/L$，试计算生物接触氧化池的尺寸。

解：有效容积：

$$V = Q(S_0 - S_e)/L = 1500 \times (170 - 20)/5 \times 1000 = 945\text{m}^3$$

总面积： $A=V/h=945/3=315\text{m}^2$

池数： $N=A/A_1=315/30=10.5$

因此池数取 11 个。

池深： $h=h_0+h_1+h_2+h_3=3.0+0.5+0.5+0.5=1.8\text{m}$

有效停留时间： $t=V/Q=945/1500=0.63\text{d}$

供气量： $D=D_0Q=15\times1500=22500\text{m}^3$

1.6 稳定塘和污水的土地处理

1. 稳定塘有哪几种主要类型，各适用于什么场合？

答：（1）好氧塘。好氧塘的深度较浅，阳光能透至塘底，全部塘水内都含有溶解氧，塘内菌藻共生，溶解氧主要是由藻类供给，好氧微生物起净化污水作用。适用于低有机物浓度污水。

（2）兼性塘。兼性塘的深度较大，上层是好氧区，藻类的光合作用和大气复氧作用使其有较高的溶解氧，由好氧微生物起净化污水作用；中层的溶解氧逐渐减少，称兼性区（过渡区），由兼性微生物起净化作用；下层塘水无溶解氧，称厌氧区，沉淀污泥在塘底进行厌氧分解。适用于富含 N、P 等营养物质及一些难去除的有机污染物的污水（占地面积大）。

（3）厌氧塘。厌氧塘的塘深在 2m 以上，有机负荷高，全部塘水均无溶解氧，呈厌氧状态，由厌氧微生物起净化作用，净化速度慢，污水在塘内停留时间长。适用于高温高有机物浓度的污水。

（4）曝气塘。曝气塘采用人工曝气供氧，塘深在 2m 以上，全部塘水有溶解氧，由好氧微生物起净化作用，污水停留时间较短。

（5）深度处理塘。深度处理塘又称三级处理塘或熟化塘，属于好氧塘。其进水有机污染物浓度很低，一般 $BOD_5 \leq 30\text{mg/L}$。常用于处理传统二级处理厂的出水，提高出水水质，以满足受纳水体或回用水的水质要求。

2. 试述好氧塘、兼性塘和厌氧塘净化污水的基本原理及优缺点。

答：在各种类型的氧化塘中，兼性塘是应用最为广泛的一种。兼性塘一般深 1.0~2.0m，在塘的上层，阳光能够照射透入的部位，为好氧层，其所产生的各项指标的变化和各项反应与好氧塘相同，由好氧异养微生物对有机污染物进行氧化分解；藻类的光合作用旺盛，释放大量的氧。在塘底部，由沉淀的污泥和衰死的藻类和菌类形成的污泥层，在该层由于缺氧，进行由厌氧微生物起主导作用的厌氧发酵，为厌氧层。

好氧层与厌氧层之间存在一个兼性层，在这里溶解氧量低，而且时有时无，一般在白昼有溶解氧存在，而在夜间又处于厌氧状态，在这里存活的是兼性微生物，这一类微生物既能够利用水中游离的分子氧，也能够在厌氧条件下，从 NO_3^- 和 CO_3^{2-} 中摄取氧。在兼性塘内进行的净化反应是比较复杂的，生物相也比较复杂。

在厌氧区与一般的厌氧发酵反应相同，是产酸、产氢产乙酸和产甲烷 3 种细菌的连续作用下，相继经过产酸、产氢产乙酸和产甲烷三个阶段的反应。液态代谢产物与塘水混合，气态产物则逸出水面，或在通过好氧区时为细菌分解，为藻类利用。厌氧区也有降解 BOD 的功能，约有 20% 的 BOD 是在厌氧区去除的。此外，厌氧区通过厌氧反应和发酵反应可以使污泥得到一定程度的降解，减少塘底污泥量。

在好氧区进行的各项反应与存活的生物基本同好氧塘。由于污水的停留时间长，有可能生长繁育多种种属的微生物，其中包括世代时间较长的种属。除有机物降解外，这里还可以进行更为复杂的反应，如硝化反应等。

3. 好氧塘中溶解氧和 pH 值为什么会发生变化？

答：在好氧塘内高效地进行着光合成反应和有机物的降解反应，溶解氧是充足的，但在一日内是变化的，在白昼，藻类光合作用放出的氧远远超过藻类和细菌所需要的，塘水中氧的含量很高，可达到饱和状态，晚间光合作用停止，由于生物呼吸所耗，水中溶解氧浓度下降，在凌晨时最低，阳光开始照射，光合作用又开始，水中溶解氧又上升；好氧塘内 pH 值也是变化的，pH 值在白昼上升，夜晚又下降。

4. 在稳定塘的设计计算时一般采用什么方法？应注意哪些问题？

答：一般采用经验法。要注意的有：

（1）塘的位置：稳定塘应设在居民区下风向 200m 以外，以防止塘散发的臭气影响居民区。此外，塘不应设在距机场 2km 以内的地方，以防止鸟类（如水鸥）到塘内觅食、聚集，对飞机航行构成危险。

（2）防止塘体损害：为防止浪的冲刷，塘的衬砌应在设计水位上下各 0.5m 以上。若需防止雨水冲刷时，塘的衬砌应做到堤顶。衬砌方法有干砌块石、浆砌块石和混凝土板等。

（3）在有冰冻的地区，背阴面的衬砌应注意防冻：若筑堤土为黏土时，冬季会因毛细作用吸水而冻胀，因此，在结冰水位以上位置换为非黏性土。

（4）塘体防渗：稳定塘的渗漏可能污染地下水源；若塘体出水再考虑回用，则塘体渗漏会造成水资源损失，因此，塘体防渗是十分重要的。但某些防渗措施的工程费用较高，选择防渗措施时应十分谨慎。防渗方法有素土夯实、沥青防渗衬面、膨胀土防渗衬面和塑料薄膜防渗衬面等。

(5) 塘的进出口：进出口的形式对稳定塘的处理效果有较大影响。设计时应注意配水、集水均匀，避免短流、沟流及混合死区。主要措施为采用多点进水和出水；进口、出口之间的直线距离尽可能大；进口、出口的方向避开当地主导风向。

5. 污水土地处理系统中的工艺类类型有哪些？各有什么特点？

答：(1) 慢速渗滤系统：慢速渗滤系统的污水投配负荷一般较低，渗流速度慢，因此污水净化效率高，出水水质优良。

(2) 快速渗滤系统：快速渗滤系统是一种高效、低耗、经济的污水处理与再生方法。适用于渗透性能良好的土壤，如砂土、砾石性砂土、砂质垆坶等。污水灌至快速滤渗田表面后很快下渗进入地下，并最终进入地下水层。灌水与休灌反复循环进行，使滤田表面土壤处于厌氧-好氧交替运行状态，依靠土壤微生物将被土壤截留的溶解性和悬浮有机物进行分解，使污水得以净化。

(3) 地表漫流系统：地表漫流系统适用于渗透性的黏土或亚黏土，地面的最佳坡度为2%~8%。废水以喷灌法或漫灌法有控制地在地面上均匀地漫流，流向设在坡脚的集水渠，在流动过程中少量废水被植物摄取、蒸发和渗入地下。地面上种牧草或其他作物供微生物栖息并防止土壤流失，尾水收集后可回用或排放水体。

(4) 湿地处理系统：湿地处理系统是一种利用低洼湿地和沼泽地处理污水的方法。污水有控制地投配到种有芦苇、香蒲等耐水性、沼泽性植物的湿地上，废水在沿一定方向流动过程中，在耐水性植物和土壤共同作用下得以净化。

(5) 地下渗滤处理系统：地下渗滤处理系统是将污水投配到距地面约0.5m深、有良好渗透性的底层中，借毛细管浸润和土壤渗透作用，使污水向四周扩散，通过过滤、沉淀、吸附和生物降解作用等过程使污水得到净化。

6. 人工湿地脱氮除磷的机理是什么？

答：脱氮过程包括：(1) 氮被有机基质的吸附；(2) 阳离子交换作用与固氮作用；(3) 植物的吸收及因其收割而去除；(4) NH_3 的挥发而逸入大气；(5) 被微生物代谢而用于形成新细胞；(6) 化学的生物的硝化反硝化；(7) 随净化水流出；(8) 渗入地下水等。

除磷过程包括：(1) 植物吸收磷；(2) 生物除磷；(3) 磷在介质中的物化储存。

7. 人工湿地系统设计的主要参数是什么？应考虑哪些问题？

答：人工湿地设计参数包括水力停留时间、水力负荷与水量平衡、布水周期和投配时间、有机负荷（氮、磷负荷）、所需土地面积、长宽比和底坡、填料种类渗透性和渗透速率、植物的选择等。

应考虑的问题有：土壤性质、透水性、地形、作物种类、气候条件和废水处理程度的要求。

1.7　污水的厌氧生物处理

1. 厌氧生物处理的基本原理是什么？

答：废水厌氧生物处理是指在无分子氧条件下通过厌氧微生物（包括兼氧微生物）的作用，将废水中的各种复杂有机物分解转化成甲烷和二氧化碳等物质的过程，也称为厌氧消化。厌氧生物处理是一个复杂的微生物化学过程，依靠三大主要类群的细菌，即水解产酸细菌、产氢产乙酸细菌和产甲烷细菌的联合作用完成。

2. 厌氧发酵分为哪个阶段？为什么厌氧生物处理有中温消化和高温消化之分？污水的厌氧生物处理有什么优势，又有哪些不足之处？

答：通常厌氧发酵分为 3 个阶段：

第一阶段为水解发酵阶段：复杂的有机物在厌氧菌胞外酶的作用下，首先被分解为简单的有机物。继而简单的有机物在产酸菌的作用下经过厌氧发酵和氧化转化成乙酸、丙酸、丁酸等脂肪酸和醇类等。

第二阶段为产氢产乙酸阶段：产氢产乙酸菌把第一阶段中产生的中间产物转化为乙酸和氢，并有二氧化碳生成。

第三阶段为产甲烷阶段：产甲烷菌把第一阶段和第二阶阶段产生的乙酸、氢气和二氧化碳等转化为甲烷。

厌氧生物处理可以在中温（35～38℃）进行（称中温消化），也可在高温（52～55℃）进行（称高温消化）。因为在厌氧生物处理过程中需考虑到各项因素对产甲烷菌的影响，因为产甲烷菌在两个温度段（即 35～38℃和 52～55℃）时，活性最高，处理的效果最好。

厌氧生物处理优势在于：应用范围广、能耗低、负荷高、剩余污泥量少，其浓缩性、脱水性良好，处理及处置简单。另外，氮、磷营养需要量较少，污泥可以长期储存，厌氧反应器可间歇性或季节性运转。不足之处：厌氧设备启动和处理所需时间比好氧设备长；出水达不到要求，需进一步进行处理；处理系统操作控制因素较复杂；过程中产生的异味与气体对空气有一定影响。

3. 影响厌氧生物处理的主要因素有哪些？提高厌氧处理的效能主要从哪些方面考虑？

答：影响厌氧生物处理的主要因素有：pH 值、温度、生物固体停留时间、搅拌和混合、营养与 C/N 比、氧化还原电位、有机负荷、厌氧活性污泥、有毒物质等。

提高厌氧生物处理的效能可考虑：（1）pH 值维持在 6.8~7.2 之间；（2）温度可以维持在中温（35~38℃），也可以是高温（52~55℃）；（3）保持较长的生物固体停留时间；（4）系统内避免进行连续的剧烈搅拌；（5）碳∶氮∶磷比值控制为（200~300）∶5∶1 为宜；（6）需控制有毒物质的浓度，以防止有毒物质影响微生物的生存而使效果降低。

4. 试比较现有几种厌氧处理方法和构筑物的优缺点和适用条件。

答：厌氧处理方法和构筑物的优缺点及适用条件见表 1-4。

表 1-4 厌氧处理方法和构筑物的优缺点及适用条件

方法或反应器	适用条件	优点	缺点
传统消化法	在一个消化池内进行酸化，甲烷化和固液分离。适用于小型、低投入系统	设备简单	反应时间长，池容积大；污泥易随水流带走
厌氧生物滤池	微生物附着生长在滤料表面，适用于悬浮固体量低的污水	设备简单，能承受较高负荷，出水悬浮固体低，能耗小	底部易发生堵塞，填料费用较贵
厌氧接触法	用沉淀池分离污泥并进行回流，消化池中进行适当搅拌，池内呈完全混合，能适应高有机物浓度和高悬浮固体的污水	能承受较高负荷，有一定抗冲坝子负荷能力，运行较稳定，不受进水悬浮固体的影响；出水悬浮固体低	负荷高时污泥会流失，设备较多，操作要求较高
上流式厌氧污泥床反应器	消化和固液分离在一个池内，微生物量很高，适用于高负荷污水	负荷高；总容积小，能耗低，不需搅拌	如设计不善，污泥会大量消失，池的构造复杂
两相厌氧处理法	酸化和甲烷化在两个反应器进行，两个反应器可以采用不同反应温度	能承受较高负荷，耐冲击，运行稳定	设备较多，运行操作较复杂

5. 试述 UASB 反应器的构造和高效运行的特点。

答：UASB 反应器的构造包括：

（1）进水配水系统。其功能主要有两个方面：1）将废水均匀地分配到整个反应器的底部；2）水力搅拌，一个有效的进水配水系统是保证 UASB 反应器高效运行的关键之一。

（2）反应区。反应区是 UASB 反应器中生化反应发生的主要场所，又分为污泥床区和污泥悬浮区，其中的污泥床区主要集中了大部分高活性的颗粒污泥，是有机物的主要降解场所，而污泥悬浮区则是絮状污泥集中的区域。

（3）三相分离器。三相分离器由沉淀区、回流缝和气封等组成，其主要功能有：1）将气体（沼气）、固体（污泥）和液体（出水）分开；2）保证出水水质；3）保证反应器内污泥量；4）有利于污泥颗粒化。

（4）出水系统。出水系统的主要作用是将经过沉淀区后的出水均匀收集，并排出反应器。

（5）气室。气室也称集气罩，其主要作用是收集沼气。

（6）浮渣收集系统。浮渣收集系统的主要功能是清除沉淀区液面和气室液面的浮渣。

（7）排泥系统。排泥系统的主要功能是均匀地排除反应器内的剩余污泥。

主要特点有：1）污泥的颗粒化使反应器内的平均浓度（以 VSS 计）50g/L 以上，污泥泥龄一般为 30 天以上；2）反应器的水力停留时间相应较短；3）反应器具有很高的容积负荷；4）不仅适合于处理高、中浓度的有机工业废水，也适合于处理低浓度的城市污水；5）UASB 反应器集生物反应和沉淀分离于一体，结构紧凑；6）无须设置填料，节省了费用，提高了容积利用率；7）一般也无须设置搅拌设备，上升水流和沼气产生的上升气流起到搅拌的作用；8）构造简单，操作运行方便。

6. 某地区设计人口为 80000 人，人均日污水量为 100L，污泥含水率为 95%，试估算完全混合污泥消化池的有效容积。

解：设采用厌氧消化法，消化时间为 0.5 天，则

$$V = Qt = 80000 \times 0.1 \times 0.5 = 4000\text{m}^3$$

1.8　污水化学与物理化学处理

1. 化学处理的对象主要是水中的哪类杂质？它与生物处理相比有什么特点（成本、运行管理、占地、污泥等）？

答：化学处理的对象主要是水中的无机的或有机的（难于生物降解的）溶解物质或胶体物质。

与生物处理相比：成本较高；运行管理较容易，占地较小，污泥较难脱水处理。

2. 化学处理所产生的污泥，与生物处理相比，在数量（质量及体积）上、最后处理、处置上有什么不同？

答：化学处理污泥和生物处理污泥对比见表1-5。

表1-5 化学处理污泥和生物处理污泥对比

处置方法	化学处理所产生的污泥	生物处理所产生的污泥
数量	较多	较少
质量	各种有机无机物质	微生物、N、P等
体积	较小	较大
最后处理处置	较麻烦，处理流程为：储存—浓缩—调理—脱水—最终处置	较简单，处理流程为：储存—调理—脱水浓缩—最终处置

3. 化学混凝法的原理和适用条件是什么？城镇污水的处理是否可以用化学混凝法，为什么？

答：化学混凝法的原理：混凝是通过向废水中投加混凝剂，破坏胶体的稳定性，通过压缩双电层作用、吸附架桥作用及网捕作用使细小悬浮颗粒和胶体微粒聚集成较粗大的颗粒而沉降与水分离，使废水得到净化。

化学混凝法的适用条件：废水中有细小悬浮颗粒和胶体微粒，这些颗粒用自然沉降法很难从水中分离出去。

城镇污水处理不适合用化学混凝法，因为要不断向废水中投药，经常性运行费用较高，沉渣量大，且脱水较困难。

4. 化学混凝剂在投加时为什么必须立即与处理水充分混合、剧烈搅拌？

答：废水与混凝剂和助凝剂进行充分混合，是进行反应和混凝沉淀的前提。要立即与处理水充分混合、剧烈搅拌以创造良好的水解和聚合条件，使胶体脱稳并借颗粒的布朗运动和紊动水流进行凝聚。

5. 化学沉淀法与化学混凝法在原理上有何不同？使用的药剂有何不同？

答：化学沉淀法是向废水中投加化学物质，使与废水中的一些离子发生反应，生成难溶的沉淀物而从水中析出，以达到降低水中溶解污染物的目的。而化学混凝法是通过混凝剂使小颗粒及胶体聚集成大颗粒而沉降，不一定有化学反应发生。

化学混凝法使用的药剂主要是混凝效果好、对人类健康无害、价廉易得、使用方便的无机盐类和有机高分子类混凝剂或助凝剂。而化学沉淀法主要是投加有氢氧根、硫化物、钡盐等能与废水中一些离子反应生成沉淀物的化学物质。

6. 氧化还原法有何特点？是否废水中的杂质必须是氧化剂或还原剂才能用此方法？

答：氧化还原法特点是：通过氧化还原反应改变水中一些有毒有害化合物中元素的化合价以及改变化合物分子的结构，使剧毒的化合物变为微毒或无毒的化合物，使难于降解的有机物转化为可以生物降解的有机物。

废水中的杂质不用一定是氧化剂或还原剂才能用此方法，但是投加的药一定是氧化剂或还原剂。

7. 物理化学处理与化学处理相比，在原理上有何不同？处理的对象有什么不同？在处理成本和运行管理方面又有什么特点？

答：物理化学处理与化学处理对比见表 1-6。

表 1-6　物理化学处理与化学处理对比

方法	物理化学处理	化学处理
原理	利用物理化学反应的原理来去除污水中溶解的有害物质，回收有用组分，并使污水得到深度净化的方法	利用化学反应的作用去除水中的杂质
处理的对象	与化学处理相似，尤其适于杂质浓度很高的污水或是杂质浓度很低的污水	水中的无机的或有机的（难于生物降解的）溶解物质或胶体物质
处理成本	较高	较高，但相对物化处理法较低
运行管理	较方便，但比化学处理法复杂	较为方便

8. 用吸附法处理废水，可以达到使出水极为洁净。那么，是否对处理要求高、出水要求高的废水，原则上都可以考虑采用吸附法？为什么？

答：吸附法对进水的预处理要求高，吸附剂价格昂贵，因此在废水处理过程中，吸附法主要用来去除废水中的微量污染物，以达到深度净化的目的，或是从高浓度的废水中吸附某些物质达到资源回收和治理的目的。吸附法处理的主要对象是废水中用生化法难于降解的有机物或用一般氧化法难于氧化的溶解性有机物。包括木质素、氯或硝基取代的芳烃化合物、杂环化合物、洗涤剂、合成染料、除莠剂、DDT 等。

9. 电镀车间的含铬废水，可以用氧化还原法、化学沉淀法和离子交换法等加以处理。那么，在什么条件下，用离子交换法进行处理是比较合宜的？

答：（1）$FeSO_4$—石灰法。$FeSO_4$—石灰法处理含铬废水是一种成熟的方法，适用于含铬浓度大的废水。优点是药剂来源容易，方法简单，处理效果好；缺点是占地面积大，污泥体积大，出水色度高，适用于小厂。其反应原理：

1）酸化还原（pH 值为 2~3）

$$6FeSO_4 + 2H_2Cr_2O_7 + 6H_2SO_4 = 3Fe_2(SO_4)_3 + Cr_2(SO_4)_3 + 7H_2O$$

2）碱化沉淀（pH 值为 8.5~9.0）

$$Cr_2(SO_4)_3 + 3Ca(OH)_2 = 2Cr(OH)_3\downarrow + 3CaSO_4$$

（2）电解法。用电解法处理含铬废水，优点是效果稳定可靠、操作管理简单、设备占地面积小、废水中的重金属离子也能通过电解有所降低。缺点是耗电量较大、消耗钢板、运行费用较高、沉渣综合利用等问题有待进一步决。其电解反应为：

$$Fe - 2e = Fe^{2+}$$

$$Cr_2O_7^{2-} + 6Fe^{2+} + 14H^+ = 2Cr^{3+} + 6Fe^{3+} + 7H_2O$$

$$CrO_4^{2-} + 3Fe^{2+} + 8H^+ = Cr^{3+} + 3Fe^{3+} + 4H_2O$$

随着废水中 H^+ 的消耗，c_{OH^-} 升高，pH 值升高，$Cr(OH)_3$ 沉淀析出。

（3）离子交换法。该法适于处理浓度不太高的含铬废水，处理效果好，废水可回用，并可回收铬酸。但工艺较为复杂，且使用的树脂不同，工艺也不同。一次投资较大，占地面积大，运行费用高，适于大厂。原理为：用阴离子交换树脂去除 $Cr_2O_7^{2-}$ 或 CrO_4^{2-}。

$$2ROH + CrO_4^{2-} = R_2CrO_4 + 2OH^-$$

$$2ROH + Cr_2O_7^{2-} = R_2CrO_4 + 2OH^-$$

10. 从水中去除某些离子（如汞盐），可以用离子交换法和膜分离法。当含盐浓度较高时，应该用离子交换法还是膜分离法，为什么？

答：当含盐浓度较高时，应采用膜分离法。关于离子交换法和膜分离法处理高盐度废水问题，事实上当含盐量超过一定浓度范围时，两者都不是较好的选择，因为当浓度较高时，渗透压过高，反渗透操作压力过高，同时容易造成膜污染破坏；若采用电渗析则能耗过高；而离子交换则会造成树脂用量太大或反洗操作过于频繁，不能应用。

11. 有机酚的去除可以用萃取法。那么，废水中的无机物的去除是否可以用萃取法，为什么？

答：萃取法是利用溶质在互不相溶的溶剂里溶解度的不同，用一种溶剂把溶质从另一溶剂所组成的溶液里提取出来的操作方法。例如，用四氯化碳从碘水中萃取碘，就是采用萃取的方法。因此在条件允许的情况下当然是可以的。无机物也可以采取萃取法进行分离，如采用络合萃取分离重金属离子等，或离子对萃取分离酸根等。

1.9　污泥的处理与处置

1. 污泥的来源、性质及主要的指标是什么？

答：污泥来源可分为以下几种：

（1）初沉污泥：来自污水处理的初沉池，是原污水中可沉淀的固体。

（2）二沉池污泥：又称生物污泥，由生物处理工艺（活性污泥或生物膜系统）产生的污泥。

（3）消化污泥：经过厌氧消化成好氧消化处理后的污泥。

污泥性质主要包括污泥中的固体、污泥固体的组分、含水率、污泥相对密度、污泥体积、相对密度与含水率的关系、污泥脱水性能及指标评价。

2. 污泥的含水率从 97.5%降至 94%，求污泥体积的变化。

解：根据 $V = V_0 \dfrac{100 - P_0}{100 - P}$ 得：

$$\Delta V = V - V_0 = V_0\left(1 - \frac{100 - P_0}{100 - P}\right) = 47\% V_0$$

故体积减小了 47%。

3. 污泥的浓缩有哪几种？分别适用于何种情况？

答：（1）重力浓缩。污泥颗粒在重力浓缩池的沉降行为属于成层沉降，适用于悬浮颗粒物浓度较高（5000mg/L 以上），固体密度较大的重质污泥。

（2）气浮浓缩，适用于相对密度接近于 1 的轻质污泥或含有气泡的污泥。

（3）离心浓缩。对污泥固体密度和浓度无特殊要求，浓缩程度主要与离心机内筒直径和转速有关。

4. 污泥调理和脱水的方法有哪些？

答：污泥调理的方法主要有：（1）化学调理，向污泥中投加各种絮凝剂，使污泥的细小颗粒形成大的絮体，并释放吸附水，从而提高污泥的脱水性能。（2）物理调理，通过加热、冷冻、添加惰性助滤剂和淘洗等方法提高脱水性能。

脱水方法有：(1) 自然脱水，利用自然力（蒸发、渗透等）对污泥进行脱水。(2) 机械脱水，利用机械力对污泥进行脱水，包括过滤脱水和离心脱水。

5. 污泥的最终处置方法有哪几种？各有什么作用？

答：(1) 污泥的综合利用。污泥中含有各种营养物质及其他有价值的物质，是最佳的最终处置，可用作肥料和改良土壤和资源化利用。

(2) 填埋，污泥可以单独填埋或与其他物质一起填埋，但需要对污泥进行无害化处理，而且需要对填埋场进行改造，符合卫生填埋的要求。

6. 某城市的城市污水为 60000m^3/d，其中生产污水 40000m^3/d，生活污水 20000m^3/d。原污水悬浮物浓度为 240mg/L，初沉池沉淀效率为 40%，经沉淀处理后 BOD_5 约 200mg/L。用活性污泥法处理，曝气池容积为 10000m^3。MLVSS 为 3.5g/L，MLSS 为 4.8g/L，BOD_5 去除率为 90%。初沉污泥及剩余活性污泥采用中温消化处理，消化温度为 33℃，污泥投配率为 6%，新鲜污泥温度为 16℃，室外温度为-10℃，根据上述数据设计污泥消化池。

解：表观污泥产率：$Y_{obs} = \dfrac{Y}{1 + K_d\theta_c} = \dfrac{0.6}{1 + 0.08 \times 10} = 0.333$

$\Delta X = Y_{obs}Q(S_0 - S_e) = 0.333 \times 60000 \times (200 - 20) \times 10^{-3} = 3596.4\text{kg/d}$

总排泥量：$\dfrac{3596.4}{0.8}\text{kg/d} = 4495.5\text{kg/d}$

剩余污泥含水率按 99%计算，每天排放污泥量为：

$$\frac{4495.5}{1000 \times (100\% - 9\%)} = 449.5\text{m}^3$$

则消化池有效池容为：$V = \dfrac{V'}{P} \times 100 = \dfrac{449.5}{6} \times 100 = 7491.6\text{m}^3$

1.10 污水处理厂设计

1. 污水处理厂设计的基础资料主要有哪些？设计的主要原则是什么？

答：污水处理厂工程设计的主要设计依据及资料包括工程设计合同、工程可行性研究报告及批准书、污水处理厂建设的环境影响评价、城市现状与总体规划资料、排水专业规划和现有排水工程概况，以及与工程建设有关的文件，主要包括设计水质水量、自然条件资料、编制概预算资料和相关设计规范。

主要设计原则有：

(1) 基础数据可靠。认真研究各项基础资料、基本数据，全面分析各项影响因素，充分掌握水质水量的特点和地域特性，合理选择好设计参数，为工程设计提供可靠的依据。

（2）厂址选择合理。根据城镇总体规划和排水工程专业规划，结合建设地区地形、气象条件，经全面地分析比较，选择建设条件好、环境影响小的厂址。

（3）工艺先进实用。选择技术先进、运行稳定、投资和处理成本合理的污水污泥处理工艺，积极慎重地采用经过实践证明行之有效的新技术新工艺、新材料和新设备，使污水处理工艺先进，运行可靠，处理后水质稳定地达标排放。

（4）总体布置考虑周全。根据处理工艺流程和各建筑物、构筑物的功能要求，结合厂址地形、地质和气候条件，全面考虑施工、运行和维护的要求，协调好平面布置、高程布置及管线布置间的相互关系，力求整体布局合理完美。

（5）避免二次污染。污水处理厂作为环境保护工程，应避免或尽量减少对环境的负面影响，如气味、噪声、固体废物污染等；妥善处置污水处理过程中产生的栅渣、沉砂、污泥和臭气等，避免对环境的二次污染。

（6）运行管理方便。以人为本，充分考虑便于污水厂运行管理的措施。污水处理过程中的自动控制，力求安全可靠、经济实用，以利提高管理水平，降低劳动强度和运行费用。

（7）近期远期结合。污水处理厂设计应近远期全面规划，污水厂的厂区面积，应按项目总规模控制，并做出分期建设的安排，合理确定近期规模。

（8）满足安全要求。污水处理厂设计须充分考虑安全运行要求，如适当设置分流设施超越管线等。厂区消防的设计和消化池、贮气罐及其他危险单元设计，应符合相应安全设计规范的要求。

2. 污水处理厂工程设计有几个阶段？每个阶段文件编制的主要内容有哪些？

答：设计阶段分为前期工作、初步设计和施工图计算三个阶段。

（1）工程可行性研究，包括概述、概况、方案论证、推荐方案内容、工程项目实施计划管理、投资估算及资金筹措、经济评价、结论、建议、附图及附件。

（2）初步设计，包括概述、设计内容、建筑、结构、供电、仪表、自动控制及通信、采暖通风等设计、环境保护、劳务保护、消防、节能措施及新技术应用说明、人员编制及经验管理、主要材料及设备数量表、工程概算。

（3）施工图，包括设计说明、主要材料及设备表、施工图预算、设计图纸。

3. 初步设计和施工图的要求分别是什么？

答：初步设计应根据批准的工程可行性研究报告进行编制。主要任务是明确工程规模、设计原则和标准，深化设计方案，进行工程概算，确定主要工程数量和主要材料设备数量，提出设计中需进一步研究解决的问题、注意事项和有关建议。初步设计文件由设计说明书、工程数量、主要设备和材料数量、工程概算、设计图纸（平面布置图、工艺流程图及主要构筑物布置图）等组成。应满足审批、施工图设计、主要设备订货、控制工程投资和施工准备等要求。

施工图应根据已批准的初步设计进行。其主要任务是提供能满足施工、安装和加工等要求的设计图纸、设计说明书和施工图预算。施工图设计文件应满足施工招标、施工、安装、材料设备订货、非标设备加工制作、工程验收等要求。施工图设计的任务是将污水处理厂各处理构筑物的平面位置和高程布置，精确地表示在图纸上。将各处理构筑物的各个节点的构造、尺寸都用图纸表示出来，每张图纸都应按一定的比例，用标准图例精确绘制，使施工人员能够按照图纸准确施工。

4. 试分析污水处理厂设计中水质水量与工艺流程选用的关系。

答：处理规模对工艺流程的选择有直接影响，有些工艺仅适用于规模较小的污水处理厂。污水水质水量变化幅度是影响工艺流程选择的另一因素，如水质水量变化大时应选用承受冲击能力较强的处理工艺；对于工业废水比例较高的城镇污水，污染物组分复杂，处理技术和工艺流程应根据水质的特点进行比较选择。

5. 根据环境评价的要求，分析污水处理厂厂址选择的原则和注意事项。

答：（1）污水处理应选在城镇水体下游，污水处理厂处理后出水排入的河段，应对上下游水源的影响最小。若由于特殊原因，污水处理厂不能设在城镇水体的下游时，其出水口应设在城镇水体的下游。

（2）处理后出水考虑回用时，厂址应与用户靠近，减少回用输送管道，但厂址也应与受纳水体靠近，以利安全排放。

（3）厂址选择要便于污泥处理和处置。

（4）厂址一般应位于城镇夏季主风向的下风侧，并与城镇、工厂厂区、生活区及农村居民点之间，按环境评价和其他相关要求，保持一定的卫生防护距离。

（5）厂址应有良好的工程地质条件，包括土质、地基承载力和地下水位等因素，可为工程的设计、施工、管理和节省造价提供有利条件。

（6）我国耕地少、人口多，选厂址时应尽量少拆迁、少占农田和不占良田，使污水厂工程易于实施。

（7）厂址选择应考虑远期发展的可能性，应根据城镇总体发展规划，满足将来扩建的需要。

（8）厂区地形不应受洪涝灾害影响，不应设在雨季易受水淹的低洼处。靠近水体的处理厂，防洪标准不应低于城镇防洪标准，有良好的排水条件。

（9）有方便的交通、运输和水电条件，有利于缩短污水厂建造周期和污水厂的日常管理。

（10）如有可能，选择在有适当坡度的位置，以利于处理构筑物高程布置，减少土方工程量。

6. 平面布置与高程布置应遵循哪些基本原则，有哪些主要影响因素？对于有一定坡度的污水处理厂厂址和地形平坦的厂址，试分析其在平面与高程布置上的区别。

答：平面布置原则：

（1）处理构筑物与生活、管理设施宜分别集中布置，其位置和朝向力求合理，生活、管理设施应与处理构筑物保持一定距离。功能分区明确，配置得当，一般可按照厂前区、污水处理区和污泥处理区设置。

（2）处理构筑物宜按流程顺序布置，应充分利用原有地形，尽量做到土方量平衡。构筑物之间的管线应短捷，避免迂回曲折，做到水流通畅。

（3）处理构筑物之间的距离应满足管线（闸阀）敷设施工的要求，并应使操作运行和检修方便。

（4）处理厂（站）内的雨水管道、污水管道、给水管道、电气埋管等管线应全面安排避免相互干扰，管道复杂时可考虑设置管廊。

（5）考虑到处理厂发生事故与检修的需要应设置超越全部处理构筑物的超越管、单元处理构筑物之间的超越管和单元构筑物的放空管道。并联运行的处理构筑物间应设均匀配水装置，各处理构筑物系统间应考虑设置可切换的连通管渠。

（6）产生臭气和噪声的构筑物（如集水井、污泥池）和辅助建筑物（如鼓风机房）的布置，应注意其对周围环境的影响。

（7）设置通向各构筑物和附属建筑物的必要通道，满足物品运输、日常操作管理和检修的需要。

（8）处理厂（站）内的绿化面积一般不小于全厂总面积的30%。

（9）对于分期建设的项目，应考虑近期与远期的合理布置，以利于分期建设。

高程布置原则：

（1）尽量采用重力流，减少提升，以降低电耗，方便运行。一般进厂污水经一次提升就应能靠重力通过整个处理系统，中间一般不再加压提升。

（2）应选择距离最长、水头损失最大的流程进行水力计算，并应留有余地，以免因水头不够而发生涌水，影响构筑物的正常运行。

（3）水力计算时，一般以近期流量（水泵最大流量）作为设计流量；涉及远期流量的管渠和设施，应按远期设计流量进行计算，并适当预留贮备水头。

（4）注意污水流程与污泥流程间的配合，尽量减少污泥处理流程的提升，污泥处理设施排出的废水应能自流入集水井或调节池。

（5）污水处理厂出水管渠高程，应使最后一个处理构筑物的出水能自流或经提升后排出，不受水体顶托。

（6）设置调节池的污水处理厂，调节池宜采用半地下式或地下式，以实现一次提升的目的。

地形平坦适合采用平面布置图，有一定坡度的地形应采用高程布置图。

7. 污水处理厂需要配水和计量的控制点有哪些？配水的方式有哪几种，其特点各是什么？计量装置的设置和配水如何结合？

答：控制点包括污水处理量、污泥回流量、污泥处理量、空气量和各种药剂投加量等。

配水方式有：（1）管式配水井。（2）倒虹吸管式配水井。前两种配水设备水头稳定，配水均匀，常用于两个或四个一组的对称构筑物。（3）挡板式配水槽，可用于更多个同类型构筑物。（4）简易配水槽，构造简单，但配水效果较差。（5）另一种简易配水槽，结构复杂一些，但配水效果较好。配水设备的配水支管（槽）上都应设置堰门、阀门或闸板阀，以调节水量使配水更均匀，必要时可以关闭。

污水：可选用非淹没式薄壁堰、电磁流量计、超声波流量计、巴氏计量等。

污泥：污泥回流量可以选用电磁流量计等。

药剂：可以使用玻璃转子流量计、计量泵等。

8. 简述污水处理厂技术经济分析的主要内容和方法，试论述对污水处理厂建设的作用。

答：技术经济分析的主要内容有：

（1）处理工艺技术水平比较：包括处理工艺路线与主要处理单元的技术先进性与可靠性、运行的稳定性与操作管理的复杂程度、各级处理的效果与总的处理效果、出水水质、污泥的处理与处置、工程占地面积、施工难易程度、劳动定员等。

（2）处理工程的经济比较：包括工程总投资、经营管理费用（处理成本、折旧与大修费、管理费用等）和制水成本（水处理及相应的污泥处理过程所发生的各项费用）。

技术经济分析的方法有：

（1）指标对比法。指标对比法是对各个设计方案的相应指标进行逐项比较，通过全面分析比较各指标，可以为方案推荐提供重要的经济分析依据。

（2）经济评价法。经济评价法是在可行性研究过程中，采用现代分析方法对拟建项目计算期（包括建设期和生产使用期）内投入产出诸多经济因素进行调查、预测、研究、计算和论证，遴选推荐最佳方案，作为项目决策的重要依据。

技术经济分析对污水处理厂建设的作用：建设项目的技术经济分析是工程设计的有机组成部分和重要内容，是项目和方案决策科学化的重要手段。技术经济分析是通过对项目多个方案的投入费用和产出效益进行计算，对拟建项目的经济可行性和合理性进行论证分析，做出全面的技术经济评价，经比较后确定推荐方案，为项目的决策提供依据。城镇污水处理工程对城镇的水务管理系统包括排水管网、水资源利用、城镇水环境保护等都有重要的影响。因此，除需计算项目本身的直接费用、间接费用外，还应评估项目的直接效益和间接效益，据此从社会、环境与经济等方面综合判别项目的合理性。

9. 污水处理厂自动控制的方式有哪几种？污水处理厂需要自动控制的参数主要有哪些，为什么？

答：自动控制方式有数据采集与控制管理系统、集中控制系统和集散控制系统。需要控制的参数有温度、压力、流量、液位、pH 值、溶解氧、氨氮、离心泵、计量泵、调节阀、电磁阀、鼓风机及加药设备。

通过对自动装置的控制，实现对工艺参数、动力设备等自动调节，从而使污水处理厂的运行经常处于优化的工况条件，节约动力费用，提高运行效率。

10. 试分析污水处理厂工程设计中，污水处理工艺设计与相关专业设计的关系，如何做好工程设计中专业的配合和合作？

答：要协调好设计中所涉及的各专业，如建筑、结构、给排水、电气、暖通等各专业的配合，因为所涉及的各专业之间配合好坏直接关系到项目施工图的设计质量好坏，甚至影响到工程进度和工程质量的优劣。工程项目方案设计初期应明确专业配合的问题。工程中各专业的交叉部位多数都是一些小的东西，有时会因为这些小的问题，引起一些较大的麻烦，会影响工程的质量，造成经济损失。各方要认真履行自己的责任义务，认真对待协调问题，认识到做好各专业的协调工作也是十分必要的，才能真正做好协调管理工作。制定科学的管理办法及各项管理制度，在技术管理上，设计图纸的好坏直接关系到工程质量的优劣，还会关系到各专业的协调。要通过对设计图纸的会审与对施工队的技术交底，提高设计图纸的质量，减少因技术错误带来的协调问题，了解施工的各个环节，从而减少交叉协调问题。

2 各类型习题及答案

2.1 名词解释

1. 水的社会循环：人类社会从各种天然水体中取用大量水，使用后成为生活污水和工业废水，它们最终流入天然水体，这样，水在人类社会中构成了一个循环体系，称为水的社会循环。

2. 生化需氧量：表示在有氧的情况下，由于微生物的活动，可降解的有机物稳定化所需的氧量。

3. 化学需氧量：表示利用化学氧化剂氧化有机物所需的氧量。

4. 滤速调节器：是在过滤周期内维持滤速不变的装置。

5. 接触凝聚区：在澄清池中，将沉到池底的污泥提升起来，并使这处于均匀分布的悬浮状态，在池中形成稳定的泥渣悬浮层，此层中所含悬浮物的浓度在3~10g/L之间，称为接触凝聚区。

6. 化学沉淀法：是往水中投加某种化学药剂，使与水中的溶解物质发生互换反应，生成难溶于水的盐类，形成沉渣，从而降低水中溶解物质的含量。

7. 总硬度：水中 Ca^{2+}、Mg^{2+}含量的总和，称为总硬度。

8. 电解法：是应用电解的基本原理，使废水中有害物质，通过电解过程，在阳、阴极上分别发生氧化和还原反应转化成为无害物质以实现废水净化的方法。

9. 滑动面：胶粒在运动时，扩散层中的反离子会脱开胶粒，这个脱开的界面称为滑动面，一般指吸附层边界。

10. 氧化还原能力：指某种物质失去或取得电子的难易程度，可以统一用氧化还原电位作为指标。

11. 化学吸附：是吸附质与吸附剂之间由于化学键力发生了化学作用，使化学性质改变。

12. 平衡浓度：当吸附质在吸附剂表面达到动态平衡时，即吸附速度与解吸速度相同，吸附质在吸附剂及溶液中的浓度都不再改变，此时吸附质在溶液中的浓度就称为平衡浓度。

13. 半透膜：在溶液中凡是一种或几种成分不能透过，而其他成分能透过的膜，都叫做半透膜。

14. 膜分离法：是把一种特殊的半透膜将溶液隔开，使溶液中的某种溶质或者溶剂渗透出来，从而达到分离溶质的目的。

15. 电渗析：是在直流电场的作用下，利用阴、阳离子交换膜对溶液中阴阳离子的选择透过性，而使溶液中的溶质与水分离的一种物理化学过程。

16. 生物处理：是利用微生物能很强地分解氧化有机物的功能，并采取一定的人工措施，创造一种可控制的环境，使微生物大量生长、繁殖，以提高其分解有机物效率的一种废水处理方法。

17. 生物呼吸线：表示耗氧随时间累积的曲线。

18. 污泥泥龄：是指每日新增的污泥平均停留在曝气池中的天数，也就是曝气池全部活性污泥平均更新一次所需的时间，或工作着的活性污泥总量同每日排放的剩余污泥量的比值。

19. 氧化沟：是一个具有封闭沟渠的活性污泥曝气池。

20. 总充氧量：稳定条件下，单位时间内转移到曝气池的总氧量。

21. 悬浮生长：在活性污泥法中，微生物形成絮状，悬浮在混合液中不停地与废水混合和接触。

22. 生物膜反应器：利用生物膜净化废水的装置。

23. 面积负荷率法：单位面积每天能去除废水中的有机物等量。

24. 自然生物处理法：是利用天然的水体和土壤中的微生物来净化废水的方法。

25. 活性污泥：充满微生物的絮状泥粒。

26. 污泥负荷率：指的是单位活性污泥（微生物）量在单位时间内所能承受的有机物量。

27. 污泥浓度：指曝气池中单位体积混合液所含悬浮固体的重量，常用 MLSS 表示。

28. 污泥沉降比：指曝气池中混合液沉淀 30min 后，沉淀污泥体积占混合液总体积的百分数。

29. 污泥体积指数：简称污泥指数，是曝气池混合液经 30min 沉淀后 1g 干污泥所占的湿污泥体积（以 mL 计）。

30. 土地处理系统：是利用土壤及其中微生物和植物对污染物的综合净化能力来处理城市和某些工业废水，同时利用废水中的水分和肥料来促进农作物、牧草或树木的生长，并使其增产的一种工程设施。

31. 厌氧生物法：在无分子氧条件下，通过兼性菌和厌氧菌的代谢作用降解污泥和废水中的有机污染物，分解的最终产物主要是沼气，可作为能源。

32. 重力浓缩法：利用重力将污泥中的固体与水分离而使污泥的含水率降低的方法。

33. 大气复氧：空气中的氧溶入水中，称为大气复氧。

34. 比流量：假定 q_1、q_2… 是均匀分布在整个管段上，计算出每米管段长度上应该流出的水量，这个流量叫做比流量。

35. 排水系统：将废水、降水有组织地排除与处理的工程设施。

36. 合流制排水系统：把生活污水、工业废水和雨水在同一排水系统内汇集输送的系统。

37. 分流制排水系统：生活污水、工业废水和雨水分别在两个或两个以上各自独立的管渠内排除的系统。

38. 雨量曲线：按不同降雨历时把每年选出降雨强度的最高值连成曲线，这样的一组曲线，称为雨量曲线。

39. 污泥膨胀：污泥结构极度松散，体积增大、上浮，难于沉降分离影响出水水质的现象。

40. 氨化反应：微生物分解氮化合物产生氨气的过程。

41. 硝化反应：在亚硝酸细菌和硝化细菌的作用下，将氨态氮转化为亚硝酸盐和硝酸盐的过程。

42. 反硝化反应：在缺氧条件下，硝酸根和亚硝酸根离子在反硝化细菌的作用下被还原为氨气的过程。

43. 同化作用：污水中一部分氨被同化成微生物细胞的组成部分，并以剩余活性污泥的形式得以从污水中去除的过程。

44. 回流污泥：从沉淀池回流至曝气池的污泥。

45. 凯氏氮：氨氮和有机氮总和。

46. 回流比：回流水量与进水量之比。

47. 凝聚：脱稳的胶粒相互聚结。

48. 毛细水：存在于污泥颗粒之间的毛细血管中的水。

49. 污泥调理：在污泥脱水前通过物理、化学或物化作用，改善污泥的脱水性能的过程。

50. 格栅：由一组或者多组平行的金属栅条、塑料齿钩或金属筛网、框架组成，倾斜安装在污水管道、泵房集水井的进口红污水构筑物前端，用来节流污水中较大漂浮物和悬浮物的装置。

2.2 判 断 题

1. 水中胶体状杂质全部是有机杂质。 ( )
2. 水的含盐量越大，则水的硬度越大。 ( )
3. COD 是衡量水里有机物含量的指标，COD 越小，说明水受有机物污染越严重。 ( )
4. 天然水中，碱度主要是由氯酸盐类构成。 ( )
5. OH^- 和 HCO_3^- 不能在水中同时存在。 ( )
6. pH 值越高则水的酸度越大。 ( )
7. 水的 pH 值表示水中氢离子的总含量。 ( )

8. 非碳酸盐硬度又称暂时硬度。 （ ）
9. 水的暂时硬度主要由酸式碳酸盐组成，经加热后可去除。 （ ）
10. Ca^{2+}、Mg^{2+}和 HCO_3^- 所形成的硬度叫永久硬度。 （ ）
11. 水中的硬度大小就是指水中 Ca^{2+}、Mg^{2+}含量的多少。 （ ）
12. 天然水中的钙、镁离子，主要来源于钙、镁碳酸盐被含 CO_2 水溶解所致。 （ ）
13. 当水的 pH≥8.3 时，表明天然水中不存在 CO_2。 （ ）
14. 水的电导率反映水中的含盐量的多少。 （ ）
15. 水中污染物按物理形态分为非溶解性物质、胶体物质和溶解性物质。（ ）
16. 人工合成的有机物质大多易于被微生物降解。 （ ）
17. 氮、磷对人类形成直接毒害作用。 （ ）
18. 污水中 pH 值表示酸碱度。 （ ）
19. 天然水中杂质按颗粒大小分为三类，即悬浮物、溶解性物质和气体物质。 （ ）
20. COD 是指高锰酸钾需氧量。 （ ）
21. 化学需氧量以氧的毫克/升来表示。 （ ）
22. pH 值不受水温影响。 （ ）
23. 污水包括生活污水和工业废水。 （ ）
24. 工业废水分为生产污水和生产废水。 （ ）
25. 一级处理的内容是去除污水中呈悬浮状态的固体污染物。 （ ）
26. 污水处理工艺流程的选择只根据水质水量。 （ ）
27. 相对于二级处理而言，一级处理为预处理。 （ ）
28. 三级处理又称深度处理。 （ ）
29. 城市污水，是排入城市排水系统的生活污水和工业废水的总称。 （ ）
30. 当 BOD_5/COD 比值大于 0.3 时，污水的可生化性差，污水不可采用生物方法处理。 （ ）
31. 平流沉淀池对排泥操作的要求是：既要把污泥排净，又要使污泥浓度低。 （ ）
32. 污水处理厂一般采用中、细两道格栅。 （ ）
33. 格栅按形状可分为平面格栅与曲面格栅两类。 （ ）
34. 水力筛网转动呈截顶圆锥形，中心轴呈水平状态，锥体则呈倾斜状态。 （ ）
35. 调节池的功能有调节水量和调节水质两种。 （ ）
36. 为了使废水进行充分混合，只能在调节池内采用机械搅拌设施。 （ ）

37. 沉淀池缓冲层的作用是避免已沉淀污泥被水流搅起以及保障出水安全。（ ）
38. 在沉淀池中加入两层隔板，可使沉淀效率增加 2 倍。（ ）
39. 斜板沉淀池可分为侧向流、同向流、竖向流。（ ）
40. 油类在水中的存在形式可分为浮油、分散油、乳化油和溶解油 4 类。（ ）
41. 均和调节池的作用是对水质进行均和，对水量进行调节。（ ）
42. 沉淀是利用水与悬浮物密度不同的原理。（ ）
43. 沉淀是污水的物理处理法。（ ）
44. 格栅的作用是用来截阻大块的呈悬浮或漂浮状态的污染物。（ ）
45. 截留在格栅上污染物的清除方法有人工和机械两种。（ ）
46. 斜管沉淀池，斜管倾角一般采取 45°。（ ）
47. 沉淀池主要的设计参数是表面负荷 q，它的单位是 L/m^2。（ ）
48. 粒径大于 0.1mm 的泥砂较易去除，需投加一定的混凝剂去除。（ ）
49. 澄清池是将在絮凝池和沉砂池中完成的过程综合于一体。（ ）
50. 有效粒径（d_{10}）是指滤料经筛分后，小于总重量 10%的滤料颗粒粒径。（ ）

判断题答案

1. ×	2. ×	3. ×	4. ×	5. √
6. ×	7. ×	8. ×	9. √	10. ×
11. √	12. √	13. √	14. √	15. ×
16. ×	17. ×	18. ×	19. ×	20. ×
21. √	22. ×	23. √	24. ×	25. √
26. ×	27. √	28. √	29. √	30. ×
31. ×	32. ×	33. √	34. √	35. √
36. ×	37. ×	38. ×	39. ×	40. √
41. √	42. √	43. √	44. √	45. √
46. ×	47. ×	48. ×	49. ×	50. √

2.3 填 空 题

1. 水的硬度包括________、________、________。
2. 天然水包括________和________。
3. 天然水中的主要杂质包括________、________和________。

4. 水中的________、________总和称为硬度。
5. 碱度指水中含有能接受________物质的量。
6. 酸度指水中含有能接受________物质的量。
7. 水的循环包括________和________。
8. 通常采用________、________、________、________等来表示水质有机物的含量。
9. 原水的预处理主要是去除水中的________和________。
10. 水的预处理常用的方法有________、________和________。
11. 作为过滤材料的物质应有足够的________、足够的________和适当的________。
12. 按产生离心力的方式不同，离心分离设备可分为________和________两类。
13. 按产生外磁场的方法不同，磁分离设备可分为________、________和________三类。
14. 沉砂池可分为________、________、________、________、________。
15. 沉淀类型有：________、________、________、________。
16. 过滤的目的是去除水中________和________。
17. 过滤按滤料的种类分有________、________和________。
18. 过滤按作用水头分有________和________。
19. 过滤按进、出水及反冲洗水的供给与排除方式分有________、________和________。
20. 滤料的种类有：________、________、________、________。
21. 自来水水中游离氯含量较高，可用________和________除去。
22. 影响溶液溶解度的因素有溶质和溶剂的________、溶液的________。
23. 反渗透的主要推动力是________。
24. 工业水处理采用的膜分离技术有________、________、________、________、________等。
25. 反渗透膜按膜材料的化学组成分为________、________。
26. 反渗透膜元件类型有________、________、________、________。
27. 离子交换树脂在水处理过程中除了主要起到离子交换作用外还有________和________。
28. 离子交换树脂主要包括________和________两部分结构。
29. 离子交换树脂按结构分为________和________两种。
30. 离子交换树脂交换容量可分为________、________。
31. 水的化学除盐处理过程中，最常用的离子交换树脂是________、________、________和________。
32. 离子交换法的运行操作一般包括________、________、________和________4个步骤。

33. 活性污泥法有多种处理系统，如________法、________法、________法、________法。
34. 活性污泥法对营养物质的需求如下，BOD_5 : N : P = ________。
35. 活性污泥系统中，________和________的出现，其数量和种类在一定程度上还能预示和指示出水水质，因此也常称其为“指示性微生物”。
36. 活性污泥法处理系统运行中的异常情况：________、________、________(写出三种即可)。
37. 厌氧反应的细菌按温度可分为________细菌和________细菌。
38. 产甲烷阶段是由严格专性厌氧的产甲烷细菌将乙酸、甲醇、甲酸、甲胺和CO_2、H_2O等转化为________和________的过程。
39. 根据厌氧生物处理的特点，厌氧处理有机负荷________、污泥量________。
40. UASB 反应器的其他改进形式有________、________、________（任写 3 个）。
41. 悬浮厌氧生物处理法主要有________、________和________三种。
42. 常见的固着生长厌氧生物处理工艺有________、________和________。
43. 厌氧生物处理有________、________、________、________和________（任写 5 个）。
44. 影响产酸细菌的主要生态因子有________、________、________和________。
45. 污水生物脱氮除磷的新技术有________、________、________、________等。
46. 硝化细菌是________；而反硝化细菌是________。
47. 反硝化作用的影响因素包括________、________、________、________和________。
48. 稳定塘抗冲击负荷能力________，能承受水量变化________，建设投资________。
49. 深度处理塘主要是进行________、________、________、________、________的去除。
50. 好氧塘的生物种群主要包括________、________、________、________和________。

填空题答案

1. 暂时硬度；永久硬度；负硬度
2. 地表水；地下水

3. 悬浮物；胶体；溶解物
4. 钙离子；镁离子
5. 氢离子
6. 氢氧根离子
7. 自然循环；社会循环
8. COD；BOD；TOC；TOD
9. 胶体；浊度物质
10. 混凝澄清；沉淀；过滤
11. 机械强度；化学稳定性；粒度
12. 离心机；水力旋流器
13. 永磁型；电磁型；超导型
14. 平流式沉砂池；竖流式沉砂池；曝气沉砂池；钟式沉砂池；多尔沉砂池
15. 自由沉淀；絮凝沉淀；压缩沉淀；成层沉淀
16. 悬浮物；胶体
17. 单层滤池；双层滤池；多层滤池
18. 重力式滤池；压力滤池
19. 普通快滤池；虹吸滤池；无阀滤池
20. 石英砂；无烟煤；陶粒；高炉渣
21. 化学还原法；活性炭脱氯法
22. 性质；温度
23. 压力差
24. 电渗析；反渗透；超滤；微滤；纳滤
25. 醋酸纤维素膜；芳香聚酰胺膜
26. 管式；平板式；中空纤维式；涡卷式
27. 吸附；过滤
28. 高分子骨架；活性基团
29. 凝胶型树脂；大孔型树脂
30. 全交换容量；工作交换容量
31. 弱酸阳离子交换树脂；强酸阳离子交换树脂；强碱阴离子交换树脂；弱碱阴离子交换树脂
32. 交换；反洗；再生；清洗
33. 氧化沟；SBR；MSBR；AB
34. 100∶5∶1
35. 原生动物；后生动物
36. 污泥膨胀；污泥上浮出现泡沫问题；污泥致密性减少

37. 中温；高温
38. 甲烷；二氧化碳
39. 高；少
40. UBF（复合式厌氧反应器）；ABR（厌氧折流反应器）；IC（内循环反应器）
41. 厌氧消化池；厌氧接触池；厌氧序批池
42. 厌氧流化床；厌氧膨胀床；升流式厌氧填充床
43. 厌氧生物滤池；升流式厌氧污泥床反应器；厌氧挡板反应器；厌氧生物转盘；厌氧流化床
44. pH 值；氧化还原电位；碱度；温度
45. SHARON 工艺；OLAND 工艺；ANAMMOX 工艺；反硝化聚磷工艺
46. 化能自养菌；兼性异养菌
47. C/N 比；pH 值；缺氧段溶解氧；温度；有毒有害物质
48. 强；大；省
49. BOD；COD；细菌；藻类；氮磷
50. 细菌；藻类；原生动物；后生动物；水蚤

2.4 单 选 题

1. 杂质在水中的存在状态可分为悬浮物、（　　）和溶解物。

A. 藻类　　B. 胶质　　C. 金属离子　　D. 单质

2. 水中杂质的种类很多，按其性质可分为（　　）。

A. 无机物和有机物　　B. 无机物和有机物

C. 有机物和微生物　　D. 无机物、有机物和微生物

3. 有一含氰有机废水，最大流量为 $0.1m^3/s$，欲排入一条属于Ⅴ类水体的河流，河水的最小流量为 $0.9m^3/s$，则估计废水需处理（　　）。（已知Ⅴ类水体氰化物质量标准为 0.2mg/L，二级排放标准为 0.5mg/L，取混合系数 $\alpha=0.75$）

A. 95%　　B. 97%　　C. 98%　　D. 99.5%

4. 如果废水中各种有机物的相对组成没有变化，下列说法正确的是（　　）。

A. $TOD>COD>BOD_{20}>BOD_5$　　B. $COD>TOD>BOD_{20}>BOD_5$

C. $BOD_{20}>TOD>COD>BOD_5$　　D. $BOD_5>BOD_{20}>COD>TOD$

5. 我国污水排放标准控制形式可分为浓度标准和总量控制标准，下列关于排放控制标准的描述正确的是（　　）。

A. 浓度标准可保证受纳水体的环境质量；总量标准指标明确统一，方便执行

B. 浓度标准规定了排出口的浓度限值；总量标准规定了与水环境容量相适应的排放总量或可接纳总量

C. 浓度标准和总量标准都可以通过稀释来达到相应标准

D. 地方标准一般都是浓度标准，便于执行；国家标准一般都是总量标准，便于控制流域水环境质量

6. 水环境的污染源有许多方面，但最普遍最重要的污染源为（　　）。

A. 排放的各类废水　　B. 酸雨

C. 固体废物渗滤液　　D. 大气中的有害沉降物

7. 按来源分类，下列选项中不属于污水范畴的是（　　）。

A. 降水　　B. 工业废水　　C. 生活污水　　D. 回用中水

8. 我国的水资源状况是以下的何种情况（　　）。

A. 总量不少，地表水远多于地下水，人均资源量低于世界水平

B. 总量不少，地下水远多于地表水，人均资源量低于世界水平

C. 总量不少，地表水远多于地下水，人均资源量与世界水平持平，但河川径流量具有时空分布极不均匀的特点

D. 总量不少，地下水远多于地表水，人均资源量与世界水平持平，但河川径流量具有时空分布极不均匀的特点

9. 城市可被利用的水资源可概括为 3 种，以下何项表述是正确的（　　）。

A. 地下水、地表水、海水　　B. 淡水、海水、地表水

C. 地下水、淡水、废水　　D. 淡水、海水、废水

10. 污水中污染物按自然组成分为（　　）两类。

A. 重金属、非金属　　B. 非金属、有机物

C. 无机物和非金属　　D. 有机物和无机物

11. 污水 pH=8，污水呈（　　）性。

A. 酸　　B. 碱　　C. 中　　D. 阳

12. 非重金属的无机毒性物质为（　　）。

A. 氰化物、砷化物　　B. 砷化物、酚

C. 酚、汞　　D. 汞、砷化物

13. COD 是指（　　）。

A. 生物化学需氧量　　B. 化学需氧量

C. 总需氧量　　D. 高锰酸钾需氧量

14. 酸碱的危害包括（　　）。

A. 毒害作用　　B. 腐蚀设备、管道

C. 使生物中毒　　D. 没有危害

15. 污水呈酸碱性，一般都用（　　）表示。

A. pH 值　　B. COD　　C. SS　　D. TOC

16. 氮磷等物质对人类（ ）直接毒害作用。

A. 有　B. 无　C. 无定论　D. 氮无、磷有

17. 引起富营养化的物质是（ ）。

A. 硫化物、氮　B. 氮、磷

C. 磷、有机物　D. 有机物、硫化物

18. 感官性污染指（ ）。

A. 颜色　B. 嗅、颜色

C. 嗅、颜色、味　D. 颜色、嗅、味、水温

19. COD 的测定是用（ ）。

A. 氧化还原法　B. 沉淀法

C. 重量法　D. 其他

20. 溶解氧的测定用（ ）。

A. 氧化还原法　B. 沉淀法

C. 重量法　D. 其他

21. 水中杂质按尺寸大小通常可以分为（ ）。

A. 1 类　B. 2 类　C. 3 类　D. 4 类

22. （ ）指标采用散射原理测定。

A. 溶解性总固体　B. 浊度

C. 有机物　D. 悬浮物

23. 《生活饮用水卫生标准》（GB 5749—2006）中反映水中有机物含量的综合指标为（ ）。

A. COD　B. BOD_5　C. COD_{Mn}　D. TOC

24. 《地表水环境质量标准》（GB 3838—2002）中的（ ）水体适合集中式生活饮用水地表水源地二级保护区。

A. Ⅰ类　B. Ⅱ类　C. Ⅲ类　D. Ⅳ类

25. 下列关于城镇污水组成的说法中，正确的是（ ）。

A. 城镇污水由居民生活污水、工业废水和入渗地下水组成，在合流制排水中还包括被截流的雨水

B. 城镇污水由综合生活污水、工业废水组成，在合流制排水中还包括被截流的雨水

C. 城镇污水由综合生活污水、工业废水和入渗地下水组成，在合流制排水中还包括被截流的雨水

D. 城镇污水由居民生活污水、工业废水组成，在合流制排水中还包括被截流的雨水

26. 5 日生化需氧量（BOD_5）约为第一阶段生化需氧量的（　　）。

A. 70%～80%　　B. 5%

C. 20%～30%　　D. 95%

27. 一般情况下，生活污水的有机物综合指标之间的关系是（　　）。

A. COD_{Cr}>TOD>BOD_5>TOC>BOD_{20}

B. COD_{Cr}>TOD>BOD_{20}>BOD_5>TOC

C. TOD>TOC>COD_{Cr}>BOD_{20}>BOD_5

D. TOD>COD_{Cr}>BOD_{20}>BOD_5>TOC

28. 下列关于工业废水的分类方法中，不正确的是（　　）。

A. 按废水中所含污染物的主要成分分类

B. 按废水中所含污染物的性质分类

C. 按废水中所含污染物适用的处理方法分类

D. 按废水中所含污染物处理的难易程度分类

29. 污水中含氮化合物有四种形态，是指（　　）。

A. 总氮、有机氮、亚硝酸盐氮、硝酸盐氮

B. 有机氮、氨氮、亚硝酸盐氮、硝酸盐氮

C. 有机氮、凯氏氮、氨氮、硝酸盐氮

D. 总氮、氨氮、凯氏氮、硝酸盐氮

30. 下列关于污水中固体物质的叙述中，不正确的是（　　）。

A. 固体物质浓度是主要的污染指标之一

B. 固体污染物只分为有机、无机和生物固体

C. 总固体指标是悬浮固体和胶体态固体的总和

D. 悬浮固体中含有挥发性和灰分成分

31. 当 BOD_5/COD 比值大于 0.3 时，污水的可生化性好，污水可以采用(　　)方法处理。

A. 物理化学　　B. 化学　　C. 物理　　D. 生物

32. 污水最后出路有三种，下面（　　）不在其中。

A. 排放水体　　B. 灌溉农田　　C. 重复使用　　D. 自然蒸发

33. 污水直接复用方法有（　　）。

A. 循环使用　　B. 灌溉农田

C. 循序使用或循环使用　　D. 发展渔业

34. 按处理程度划分，污水处理可分为（　　）。

A. 一级　　B. 二级　　C. 三级　　D. 四级

35. 污水处理技术，按其作用原理可分为（　　）。

A. 物理法　　B. 化学法、物理法

C. 生物法、化学法、物理法　　D. 电解法、化学法、物理法、生物法

36. 工业废水处理流程必须根据（　　）等因素，经过实验和研究加以确定。
A. 水质、去除对象、水量　　B. 水量、水温、去除对象
C. 水温、水质、水量　　D. 排放去向、水质、水量

37. 有机物进入水体，在有溶解氧的条件下，（　　）。
A. 由于厌氧微生物的降解作用，有机物被分解为 CO_2、H_2O 和 NH_3，同时合成新细胞，并增加水体中的溶解氧
B. 由于好氧微生物的降解作用，有机物被分解为 CO_2、H_2O 和 NH_3，同时合成新细胞，并增加水体中的溶解氧
C. 由于厌氧微生物的降解作用，有机物被分解为 CO_2、H_2O 和 NH_3，同时合成新细胞，并消耗水体中的溶解氧
D. 由于好氧微生物的降解作用，有机物被分解为 CO_2、H_2O 和 NH_3，同时合成新细胞，并消耗水体中的溶解氧

38. 以下描述正确的是（　　）。
A. 污水一级处理主要去除污水中呈悬浮状态的固体污染物质，不能去除污水中的 BOD
B. 污水二级处理主要去除污水中呈胶体和溶解态的有机污染物，去除率可达 30%，达不到排放标准
C. 污水三级处理是在一级、二级处理后，进一步处理难降解的有机污染物以及氮、磷等能够导致水体富营养化的可溶性无机物
D. 污泥是污水处理过程中的产物，富含肥分，可直接作为农肥使用

39. 以下四种污水处理方法中，属于按处理原理划分的是（　　）。
A. 化学处理　　B. 一级处理　　C. 二级处理　　D. 三级处理

40. 下列各项中，不属污水深度处理的是（　　）。
A. 去除水中的漂浮物
B. 进一步降低 COD、BOD、TOC 等指标
C. 脱氮、除磷
D. 去除水中有毒、有害物质

41. 当水体受到污染时，通过下列哪项指标可判断其污染可能源于生活污水？（　　）
A. BOD_5/COD　　B. 表面活性剂
C. 重金属离子　　D. 粪大肠菌群

42. 破碎机的作用是（　　）。
A. 把污水中较大的悬浮固体破碎成肉眼看不见的胶体，仍留在污水中，随水流至后续污水处理构筑物进行处理
B. 把污水中较大的悬浮固体破碎成含有原污染成分的溶液，仍留在污水中，随水流至后续污水处理构筑物进行处理

C. 把污水中较大的悬浮固体去除掉
D. 把污水中较大的悬浮固体破碎成较小的、较均匀的碎块，仍留在污水中，随水流至后续污水处理构筑物进行处理

43. 物理处理法就是利用物理作用分离污水中（　　）污染物质。
A. 呈悬浮状态的乳胶　　B. 呈悬浮状态的固体
C. 呈溶液状态的固体　　D. 呈溶解状态的固体

44. 污水物理处理法去除的对象是（　　）。
A. 漂浮物　　B. 悬浮物
C. 悬浮物或漂浮物　　D. 悬浮物和漂浮物

45. 污水处理系统中设置格栅的主要作用是（　　）。
A. 拦截污水中较大颗粒尺寸的悬浮物和漂浮物
B. 拦截污水中的无机颗粒
C. 拦截污水中的有机颗粒
D. 提高污水与空气接触面积，使有害气体挥发

46. 按形状分类，不属于格栅分类的是（　　）。
A. 平面格栅　　B. 曲面格栅　　C. 球面格栅　　D. 均不属于

47. 污水处理系统或水泵前必须设置格栅，格栅栅条间隙宽度在污水处理系统前，采用机械清除时为（　　）mm。
A. 16~25　　B. 25~40　　C. 40~50　　D. 50~60

48. 格栅的设计内容不包括（　　）。
A. 尺寸计算　　B. 水力计算　　C. 栅渣量计算　　D. 闸板设计

49. 沉淀池按池内水流方向的不同可以分为三类，下列选项中（　　）不属于这三类。
A. 辐流式沉淀池　　B. 竖流式沉淀池
C. 斜流式沉淀池　　D. 平流式沉淀池

50. 实际沉淀池和理想沉淀池之间的误差不可能由于（　　）。
A. 浓度方向水流速度分布不均匀的影响
B. 宽度方向水流速度分布不均匀的影响
C. 水源水对沉淀池带来的影响
D. 絮凝对去除率的影响

51. 根据悬浮物质的性质、浓度和絮凝性能分类，不属于该分类的沉淀是（　　）。
A. 拥挤沉淀　　B. 絮凝沉淀　　C. 重力沉淀　　D. 压缩沉淀

52. 初沉池和二沉池功能上最大的差异在于（　　）。
A. 沉淀处理的对象不同　　B. 沉淀池的结构不同

C. 沉淀池个数不同　　D. 沉淀池的处理效率不同

53. 下列描述反应二沉池的是（　　）。

A. 去除易沉物如砂粒

B. 进入生物处理设备前对悬浮固体的初步处理

C. 生物处理后用以分离生物膜、活性污泥等

D. 污泥的进一步浓缩脱水

54. 悬浮物在沉降过程中，质量、沉速随深度的增加而增大的沉淀类型是（　　）。

A. 自由沉降　　B. 絮凝沉降

C. 拥挤沉降　　D. 压缩沉降

55. 下列沉淀过程分别属于的沉淀类型为（　　）。

①造纸废水处理的混凝沉淀过程；②高浊度水源水的预沉处理过程。

A. 絮凝沉淀、压缩沉淀　　B. 絮凝沉淀、拥挤沉淀

C. 拥挤沉淀、絮凝沉淀　　D. 絮凝沉淀、压重沉淀

56. 砂子在沉砂池的沉淀接近（　　）沉淀。

A. 自由　　B. 絮凝　　C. 拥挤　　D. 压缩

57. 不属于平流式沉淀池优点的是（　　）。

A. 池子配水均匀

B. 对冲击负荷和温度变化的适应能力强

C. 施工简单

D. 沉淀效果好

58. 斜板沉淀池提高了沉淀效率，（　　）不是其提高沉淀效率的原因。

A. 斜板增加了沉淀面积

B. 斜板降低了沉淀高度

C. 斜板使沉淀池水在层流条件下

D. 斜板增加了沉淀颗粒的碰撞机会

59. 斜板沉淀池（　　）。

A. 不宜作为二次沉淀池

B. 不宜作为初次沉淀池

C. 适宜已建污水处理厂扩大处理时采用

D. 适宜作为初次和二次沉淀池

60. 下列选项中不是常用沉砂池的是（　　）。

A. 平流沉砂池　　B. 曝气沉砂池

C. 钟式沉砂池　　D. 多底沉砂池

61. 在城市污水处理厂，常设置在泵站、沉淀池之前的处理设备有（ ）。

A. 格栅 B. 筛网 C. 沉砂池 D. 上述三种

62. 沉淀池根据水流方向一般分为（ ）三种。

A. 斜（管）极、平流、辐流 B. 平流、斜（管）极、竖流

C. 辐流、平流、竖流 D. 竖流、斜（管）极、辐流

63. 沉淀分为（ ）。

A. 自由 B. 自由、絮凝

C. 自由、絮凝、集团 D. 自由、絮凝、集团、压缩

64. 自由沉淀污水中的悬浮固体浓度不高，而且不具有（ ）性能。

A. 吸附 B. 凝聚 C. 沉降 D. 其他

65. 沉淀池中竖流式沉淀池从（ ）进水。

A. 中间 B. 周边

C. 池子周边某点 D. 其他地方

66. 辐流式沉淀池从（ ）进水。

A. 周边 B. 中间 C. 池子一端 D. 周边和中间

67. 给水处理中过滤工艺原理是水中悬浮物与滤料之间的黏附作用，过滤机理可以归纳为三种主要作用，即阻力截留、重力沉降和（ ）。

A. 化学吸附 B. 中和作用 C. 接触絮凝 D. 生物分解

68. 平流理想沉淀池出水堰长、宽、高分别为 L、B、H，以下关于沉淀效果分析，正确的是（ ）。

A. 容积和深度不变，长宽比 L/B 增大后可以提高去除效率

B. 容积和深度不变，长深比 L/H 增大后可以提高去除效率

C. 平面面积不变，长宽比 L/B 增大后可以提高去除效率

D. 平面面积不变，长深比 L/H 增大后可以提高去除效率

69. 某水厂 2 座平流式沉淀池，处理水量和面积相同，分别处理水库水和河流水，则关于这两座沉淀池特性中，正确的是（ ）。

A. 两座池子的表面负荷或截留速度一定相同

B. 两座池子去除水中颗粒物的总去除率一定相同

C. 两座池子的雷诺数一定相同

D. 两座池子的长宽比一定相同

70. 异向流斜板沉淀池的水流方向与泥的流向（ ）。

A. 相同 B. 相反

C. 垂直 D. 可能相同，也可能相反

71. 关于斜板沉淀池描述中正确的是（ ）。

A. 上向流斜板沉淀池中，水流向上流动，沉泥沿斜管壁面向下运动

B. 上向流斜板沉淀池中，水流水平流动，沉泥沿斜管壁面向下运动

C. 同向流斜板沉淀池中，水流水平流动，沉泥沿斜管壁面向下运动

D. 侧向流斜板沉淀池中，水流向上流动，沉泥向下运动

72. 斜板沉淀池的表面负荷是指处理的流量与（　　）的比值，该值与同样表面积的平流式沉淀池的表面负荷值（　　）。

A. 沉淀池表面积，相差不大

B. 各斜板总面积之合，相差较大

C. 各斜板总的水平投影面积之和，相差较大

D. 配水穿孔墙的面积，相差较大

73. 滤料的有效粒径是指（　　）。

A. 当量粒径　　B. d_{10}　　C. 平均粒径　　D. 最小粒径

74. 为保证出水水质，均匀级配粗砂滤料的滤层厚度比单层细砂滤料（　　）。

A. 小　　B. 大　　C. 大 200mm　　D. 大 300mm

75. 煤砂双层滤料滤池和单层滤料滤池相比较，（　　）。

A. 为防止混层，采用单水冲洗时，双层滤料滤池采用更小的冲洗强度

B. 双层滤料滤池一般采用单水冲洗或汽水同时冲洗

C. 双层滤料滤池具有较大的含污量和含污能力

D. 为防止杂质穿透，双层滤料滤池选用较小的滤速

76. 过滤中，滤层水头损失变化速度和（　　）无关。

A. 进水浊度　　B. 滤料密度　　C. 滤料粒径　　D. 过滤速度

77. 沉砂池的功能是去除污水中（　　）。

A. 密度大的悬浮物　　B. 密度较大的漂浮物

C. 分子量较大的金属离子　　D. 相对密度较大的无机颗粒

78. 曝气沉砂池（　　）。

A. 去除了大量的有机物

B. 克服了平流沉砂池沉砂中夹杂 15%有机物的缺点

C. 去除了大量的重金属离子

D. 去除了大量的悬浮物质

79. 钟式沉砂池是利用（　　）控制水流流态与流速，加速砂粒的沉淀并使有机物随水流带走的沉砂装置。

A. 池壁阻力　　B. 入池水流的旋流作用

C. 机械力　　D. 空气扩散装置

80. 以下关于二次沉淀池的描述正确的是（　　）。

A. 只具有泥水分离的作用

B. 进入二次沉淀池的活性污泥混合液的浓度高，具有絮凝性能，沉淀时泥水之间有清晰的界面

C. 易产生二次流和异流现象，使实际的过水断面大于设计断面
D. 最大允许水平流速同初次沉淀池相同

81. 新建城镇二级污水处理厂的二次沉淀池一般不采用（　　）。
A. 平流式沉淀池　　B. 竖流式沉淀池
C. 辐流式沉淀池　　D. 斜板（管）沉淀池

82. 在污水的化学沉淀法中，最常用的药剂是（　　）。
A. 氢氧化钠　B. 石灰　C. 碳酸钠　D. 硫化氢

83. 在实际应用中，（　　）法消毒因具有价格低、设备简单等优点被使用得最为普遍。
A. 加氯　B. 臭氧　C. 紫外线　D. 超声波

84. 以臭氧作为消毒剂时，出水仍需投加少量氯气、二氧化氯或氯氨等消毒剂，其主要原因是（　　）。
A. 臭氧分解生成的氧气有利于细菌再繁殖
B. 臭氧易分解，无抵抗再次污染能力
C. 臭氧在氧化耗氧物质后，已无杀菌能力
D. 超量投加有风险，不足以维持消毒剂量

85. 氯消毒时（　　）。
A. $HOCl$ 起主要消毒作用　　B. OCl^-起主要消毒作用
C. $HOCl$ 和 OCl^-起同样消毒作用　D. $HOCl^-$不起消毒作用

86. 下列属于用还原法处理废水的是（　　）。
A. 用漂白粉处理含氰废水　　B. 用硫化钠处理含汞废水
C. 用硫酸亚铁处理含铬废水　　D. 用石灰处理含铜废水

87. 下列关于硫化物沉淀法与氢氧化物沉淀法处理重金属污水效果比较的说法中，正确的是（　　）。
A. 硫化物沉淀法比氢氧化物沉淀法效果差
B. 硫化物沉淀法比氢氧化物沉淀法效果好
C. 两种方法效果相同
D. 两种方法无法比较

88. 在化学消毒时，影响消毒效果的因素很多，下列说法不正确的是（　　）。
A. 消毒效果的优劣和消毒剂投加量有关
B. 消毒效果的优劣和消毒接触时间有关
C. 不同消毒剂对同一类微生物的消毒效果不同
D. 同种消毒剂对不同类微生物的消毒效果相同

89. 下列叙述错误的是（　　）。
A. 由于金属硫化物的溶度积远远小于金属氢氧化物的溶度积，硫化物沉淀法去除重金属的效果更佳

B. 硫化物沉淀法处理含汞废水，应在 pH = 9 ~ 10 的条件下进行

C. 钡盐沉淀法主要用于处理含六价铬的废水

D. 钡盐沉淀法处理含六价铬废水时，其适宜的 pH 值应为 7.0 ~ 8.0

90. 某印染生产过程中主要采用水溶性染料，对该废水处理工艺流程采用“格栅—调节池—生物处理池—臭氧反应塔”。其中臭氧反应塔工艺单元的最主要效能是（　　）。

A. 去除悬浮物　　B. 去除有机物

C. 去除色度　　D. 杀菌

91. 为沉淀去除某工业废水中的六价铬，宜投加（　　）。

A. 明矾　　B. 聚合硫酸铝

C. 硫化钠　　D. 碳酸钡

92. 一般认为微生物处理污水水温在（　　）时效果最佳。

A. 10 ~ 20℃　　B. 20 ~ 30℃　　C. 30 ~ 40℃　　D. 40 ~ 50℃

93. 微生物增长分为（　　）。

A. 对数增长期、减数增长期、内源呼吸期

B. 内源呼吸期、减数增长期

C. 对数增长期、减数增长期

D. 对数增长期、内源呼吸期

94. 污水中适合微生物生长的最佳营养比是（　　）。

A. BOD_5 : N : P = 80 : 4 : 1

B. BOD_5 : N : P = 100 : 6 : 3

C. BOD_5 : N : P = 70 : 8 : 1

D. BOD_5 : N : P = 100 : 5 : 1

95. 细菌表面具有的（　　）是形成菌胶团的物质。

A. 蛋白质　　B. 多糖类黏质层

C. 有机磷　　D. 无机磷

96. 菌胶团具有良好的（　　）性能。

A. 絮凝、沉降　　B. 沉降、氧化分解

C. 氧化分解、絮凝　　D. 絮凝、沉降、氧化分解

97. 活性污泥去除水中有机物，不经过（　　）阶段。

A. 吸附　　B. 氧化　　C. 絮凝　　D. 脱附

98. 一般城市污水在曝气池中正常运行，其（　　）为宜。

A. SVI<50　　B. SVI = 50

C. SVI>150　　D. SVI 越小越好

99. 关于传统活性污泥工艺，下列说法错误的是（　　）。
A. 传统活性污泥工艺中的曝气池为推流式
B. 传统流动性污泥工艺采用空气曝气且沿池长均匀曝气
C. 传统流动性污泥工艺将曝气池设为吸附池和再生池两部分
D. 传统流动性污泥工艺也称标准传统活性污泥工艺或普通传统活性污泥工艺

100. 活性污泥反应进行的结果是（　　）。
A. 污水中的无机污染物被降解，污水得以净化，同时活性污泥本身得到增殖
B. 污水中的有机污染物被降解，污水得以净化，同时活性污泥本身得到增殖
C. 污水中的有机污染物被降解，污水得以净化，同时微生物被消耗而死亡
D. 污水中的无机污染物被降解，污水得以净化，同时活性污泥本身得到增殖

单选题答案

1. B	2. D	3. A	4. A	5. B	6. A	7. D	8. A	9. A	10. D
11. B	12. A	13. B	14. B	15. A	16. B	17. B	18. D	19. A	20. A
21. C	22. B	23. C	24. C	25. C	26. A	27. D	28. C	29. B	30. C
31. D	32. D	33. C	34. C	35. C	36. D	37. D	38. C	39. A	40. A
41. D	42. A	43. B	44. D	45. C	46. A	47. D	48. B	49. C	50. C
51. A	52. C	53. B	54. B	55. A	56. C	57. D	58. A	59. D	60. D
61. A	62. C	63. D	64. B	65. A	66. D	67. A	68. B	69. A	70. B
71. A	72. C	73. B	74. B	75. B	76. B	77. D	78. B	79. C	80. B
81. D	82. B	83. A	84. B	85. A	86. C	87. B	88. C	89. D	90. D
91. C	92. A	93. C	94. D	95. B	96. A	97. D	98. B	99. C	100. D

2.5　多　选　题

1. 下列关于水资源的论述中，正确的是（　　）。
A. 淡水是一种有限的资源
B. 地球水圈中的淡水仅占 2.53%
C. 在一定的技术经济条件下可以为人们所用的淡水不足地球总水量的 1%
D. 很多国家和地区存在水资源紧缺问题

2. 污水中含氮化合物的形态有（　　）。
A. 总氮　　B. 凯氏氮
C. 有机氮和氨氮　　D. 亚硝酸盐氮和硝酸盐氮

3. 表征污水中有机物浓度的综合指标主要有（　　）。
A. COD 和 BOD

B. TOC 和 TOD

C. 蛋白质、脂肪、碳水化合物

D. 悬浮有机物、胶体有机物、溶解性有机物

4. 污水生物性质的检测指标主要有（　　）。

A. 霍乱菌　　B. 细菌总数　　C. 总大肠菌群氮　　D. 病毒

5. 下列关于污水处理的基本方法的叙述中，不正确的有（　　）。

A. 污水一级处理只能去除无机物，不能去除有机物

B. 污水二级处理以去除胶体和溶解态的有机污染物以及脱氮除磷为主要目的

C. 深度处理以污水回收、再利用为目的

D. 厌氧生物处理只能用于处理污水处理过程中产生的污泥

6.《污水综合排放标准》将排放的污染物按其性质及控制方式分为两类（　　）。

A. 对第一类污染物，化工、制药等行业在车间或车间设施排放口采样

B. 对第二类污染物，在车间或车间设施排放口采样

C. 对第一类污染物，在车间或车间设施排放口采样

D. 对第二类污染物，在排污单位排放口采样

7. 城镇污水处理流程的主要处理构筑物有（　　）。

A. 格栅　　B. 沉砂池和初次沉淀池

C. 活性炭吸附池和污泥浓缩池　　D. 曝气池和二次沉淀池

8. 对无机工业废水一般采用（　　）处理方法。

A. 物理　　B. 化学　　C. 生物　　D. 物理化学

9. 多孔材料过滤具有（　　）的优点。

A. 不加化学药剂，运行费用较低

B. 占地面积小　　C. 维修较复杂

D. 简单、高效

10. 属于重力分离法的设备有（　　）。

A. 沉砂池　　B. 沉淀池　　C. 隔油池　　D. 气浮池

11. 机械搅拌澄清池的特点有（　　）。

A. 处理效果好　　B. 单位面积处理水量大

C. 处理水质稳定　　D. 适应性较强

12. 排泥方法主要有（　　）。

A. 重力浓缩法　　B. 机械排泥法

C. 静水压力法　　D. 真空压滤法

13. 采用粒状滤料以接触过滤方式截留杂质，对粒径远小于滤料孔隙的杂质而言，其被截留的主要作用有（　　）。

A. 黏附　　B. 机械拦截（筛滤）

C. 惯性作用　　D. 扩散作用

14. 实际沉淀池与理想沉淀池之间的误差主要来源于（　　）。

A. 深度方向水流速度分布不均匀　　B. 宽度方向水流速度分布不均匀

C. 建筑材料的优劣程度　　D. 紊流对去除率的影响

15. 下列选项中属于四种沉淀类型的是（　　）。

A. 自由沉淀　　B. 絮凝沉淀

C. 区域沉淀　　D. 压缩沉淀

16. 属于按池内水流方向分类沉淀池的是（　　）。

A. 平流式沉淀池　　B. 辐流式沉淀池

C. 竖流式沉淀池　　D. 斜板沉淀池

17. 沉砂池一般设于（　　）。

A. 沉淀池前，以减轻无机颗粒对沉淀池中药剂的消耗

B. 泵站前，以减轻无机颗粒对水泵、管道的磨损

C. 倒虹管前，以减轻无机颗粒对水泵、管道的磨损

D. 初沉池前，以减轻沉淀池负荷及改善污泥处理构筑物的处理条件

18. 利用沉淀法分离悬浮颗粒时，决定因素有（　　）。

A. 悬浮颗粒的直径　　B. 颗粒与水的密度差

C. 悬浮颗粒的形状　　D. 悬浮颗粒的比表面积

19. 格栅所截留的悬浮物和漂浮物的数量，因（　　）不同而有很大区别。

A. 所选用的栅条间隙宽度　　B. 污水的性质

C. 污水温度　　D. 污水的色度

20. 格栅按形状可分为（　　）。

A. 平面格栅

B. 圆周回转式机械格栅和钢丝绳牵引式机械格栅

C. 粗格栅、中格栅、细格栅

D. 曲面格栅

21. 移动式伸缩臂机械格栅（　　）。

A. 维护检修方便　　B. 检修无须停水

C. 钢丝绳寿命较长　　D. 需 2 套电机

22. 沉砂池排出的沉砂，在运输前需进一步降低含水率，并分离有机物，可采用（　　）。

A. 空气提升器　　B. 泵吸式排砂机

C. 螺旋洗砂机　　D. 水力旋流器

23. 初次沉淀池在城镇污水处理流程中的功能是（　　）。

A. 污水预处理　　B. 去除有机悬浮物

C. 去除水中部分 BOD_5　　D. 分离活性污泥与处理水

24. 二次沉淀池是生物处理系统的重要组成部分，（　　）。
A. 设在生物处理构筑物前面
B. 设在生物处理构筑物之后
C. 用于沉淀去除活性污泥或脱落的生物膜
D. 用于去除动物油脂

25. 平流式沉淀池（　　）。
A. 适用于地下水位较低和地质较好的地区
B. 施工简单
C. 入流装置设有侧向或槽底潜孔的配水槽、挡流板
D. 对冲击负荷和温度变化的适应能力较强，在池宽和池深方向存在水流不均匀及紊流流态，会增强沉淀效果

26. 竖流式沉淀池（　　）。
A. 去除效率低于辐流式沉淀池　　B. 排泥方便，管理简单
C. 占地面积较小　　D. 造价较高

27. 斜板（管）沉淀池的理论基础是（　　）。
A. 沉淀池的池长和水平流速不变时，池深越浅，被去除颗粒的沉速越小
B. 将池深为 H、池长为 L 的沉淀池用水平隔板平分为 3 层，每层深为 $H/3$，在颗粒沉速与水平流速不变的条件下，只需 $L/3$，就可将同样沉速的颗粒去除
C. 当沉淀池的池长不变时，池深减为原来的 1/3，则水平流速增加到原来的 3 倍，仍可保持同样的悬浮物去除率
D. 把沉淀池分成 n 层，其处理能力可提高 n 倍

28. 辐流式沉淀池具有（　　）等优点。
A. 池中水流速度稳定　　B. 机械排泥设备简单
C. 管理简单　　D. 排泥设备有定型产品

29. 化学处理是利用化学反应的作用分离回收污水中处于各种形态的污染物质，包括（　　）等。
A. 悬浮的　　B. 溶解的
C. 胶体的　　D. 沉淀的

30. 化学处理方法主要有（　　）。
A. 中和　　B. 电解
C. 氧化还原　　D. 化学消毒

31. 在废水处理中常用的氧化剂有（　　）等。
A. 空气中的氧　　B. 纯氧、臭氧

C. 氯气、漂白粉　　D. 次氯酸钠、三氯化铁

32. 常用的还原剂有（　　）等。

A. 硫酸亚铁、亚硫酸盐　　B. 氯化亚铁、铁屑

C. 锌粉、亚硫酸盐　　D. 硼氢化钠

33. 下列陈述错误的是（　　）。

A. 向工业废水中投加某些化学物质，使其与水中溶解杂质反应生成难溶盐沉淀，使废水中溶解杂质浓度下降，此为化学沉淀法

B. 在一定温度下，含有难溶盐的饱和溶液中，各种离子浓度的乘积叫溶度积，它是一个变量

C. 化学沉淀法主要用于处理含有机物浓度高的工业废水

D. 对于含磷废水的化学沉淀处理，主要采用投加含低价金属离子盐来实现

34. 以下描述正确的是（　　）。

A. 还原法处理工业废水是投加还原剂或用电解的方法使废水中的污染物质经还原反应转变为无害或少害的新物质

B. 处理含铬废水是利用还原剂将三价铬转化为六价铬

C. 处理含铬废水时还原反应 pH 值宜控制在 7~9

D. 电解法处理含铬废水，六价铬在阳极还原

35. 为提高水的 pH 值，可向水中投加（　　）。

A. 碱式氯化铝　　B. 石灰

C. 氢氧化钙　　D. 碳酸钠

36. 采用氧化法去除地下水中铁、锰的过程、原理叙述中，不正确的是（　　）。

A. 锰氧化后对铁的氧化具有催化作用，在除铁除锰过程中总是先除锰后除铁

B. 除铁除锰滤池对滤料表面形成催化作用，在除铁除锰过程中发挥主要作用

C. 在 Mn^{2+} 的氧化过程中，铁细菌等微生物生化反应速率一般大于水中溶解氧氧化 Mn^{2+} 的速率

D. 当水的 pH 值低时，除锰容易，pH 值高时，除铁容易

37. 在水中含有氨氮而采用氯气消毒时，会测得相应的加氯量和余氯量的关系曲线，根据该曲线确定的加氯量和含氯化合物的消毒关系的说法中正确的是（　　）。

A. 加氯量维持在加氯曲线的峰点之后，是自由氯消毒

B. 加氯量维持在加氯曲线的折点之后，是氯胺消毒

C. 加气量维持在加氯曲线的峰点之前，是氯胺消毒

D. 加氯量维持在加氯曲线的折点之后，是自由氯消毒

38. 以下药剂哪些属于还原剂（　　）。

A. 臭氧　　B. 硫酸亚铁

C. 亚硫酸氢钠 D. 次氯酸钠

39. 活性污泥微生物包括（ ）。

A. 细菌 B. 真菌

C. 原生动物 D. 后生动物

40. 莫诺德公式（ ）。

A. 反映酶促反应速率和底物浓度之间的关系

B. 反映微生物增殖速率和底物浓度之间的关系

C. 推论之一，在高的底物浓度下，底物会以最大的速率被降解

D. 推论之二，活性污泥微生物降解底物符合零级反应关系

41. 与好氧生物处理相比，厌氧生物处理的优点是（ ）。

A. 厌氧处理法可产生生物能 B. 厌氧处理法初次启动过程快

C. 厌氧处理法有利于污泥减量 D. 厌氧处理法出水水质好

42. 在活性污泥中存活的原生动物有（ ）。

A. 肉足虫 B. 鞭毛虫

C. 纤毛虫 D. 等枝虫

43. 活性污泥净化反应的影响因素有（ ）。

A. 营养物质平衡 B. 溶解氧含量

C. pH 值和水温 D. 有毒物质

44. 传统活性污泥法的主要缺点有（ ）。

A. 曝气池首端有机污染物负荷高，耗氧速度也高，为了避免由于缺氧形成厌氧状态，进水有机物负荷不宜过高，因此，曝气池容积大，占用的土地较多，基建费用高

B. 耗氧速度沿池长是变化的，而供氧速度难以与其相吻合、适应，在池前段可能出现耗氧速度高于供气速度的现象，池后段又可能出现溶解氧过剩的现象

C. 对进水水质、水量变化的适应性较低，运行效果易受水质、水量变化的影响

D. 不宜处理溶解性有机污染物含量较多的污水

45. 关于生物移动床的说法中正确的是（ ）。

A. 反应速率高 B. 采用气-水反冲洗

C. 水头损失较大 D. 容积负荷高

46. 关于生物转盘处理系统的特点，正确的说法有（ ）。

A. 微生物浓度高，处理效率高

B. 机械驱动的生物转盘，能耗较活性污泥法高

C. 生物膜泥龄长，具有较好的脱氮功能

D. 多级串联的生物转盘能达到更好的处理效果

47. 下列各种厌氧生物处理工艺的描述，哪些是错误的？（　　）

A. 在正常运行的厌氧污泥床中，通过床层的压力损失与空床流速无关

B. 与厌氧流化床相同，厌氧颗粒污泥膨胀床和厌氧内循环反应器均通过出水回流实现反应器内颗粒污泥的膨胀、悬浮或流化状态

C. 通常 UASB 反应器需要设计单独的沉淀池，实现 SRT 同 HRT 的分离，以保证反应期内较高的生物量

D. 两相厌氧消化工艺中产酸相反应器通常比产甲烷反应器容积小

48. 下列哪些属于厌氧生物处理的优点？（　　）

A. 厌氧生物处理对氮、磷等营养物质的需要量较少

B. 厌氧生物处理具有杀菌作用

C. 运行管理要求高

D. 可以季节性或间歇性运行

49. 与好氧生物处理比较，污水厌氧生物处理法的优点是下述哪几项？（　　）

A. 厌氧处理法可产生生物能　　B. 厌氧处理法初次启动过程快

C. 厌氧处理法有利于污泥减量　　D. 厌氧处理法出水水质好

50. 厌氧生物处理的对象包括（　　）。

A. 有机污泥　　B. 有机废水

C. 无机废水　　D. 生物质

51. 在两相厌氧工艺中，实现相的分离的方法有哪些？（　　）

A. 物理法　　B. 化学法

C. 生物法　　D. 动力学控制法

52. 关于生物除磷系统，下列哪些说法是正确的？（　　）

A. 好氧区剩余总碱度大于 70mg/L(以 $CaCO_3$计)

B. 污泥泥龄宜长

C. 当采用 SBR 工艺时，充水比宜为 0.25~0.5

D. 生物除磷系统的剩余污泥宜采用机械浓缩

53. 城市污水处理常采用厌氧-缺氧-好氧生物脱氮除磷工艺（A^2/O），下列关于 A^2/O 工艺和组成单元功能的描述哪几项是不正确的？（　　）

A. 厌氧段聚磷菌吸收磷，同时摄取有机物

B. 缺氧段微生物利用污水中碳源，发生反硝化反应

C. 好氧段聚磷菌释放磷，水中的氮被曝气吹脱

D. 沉淀池污泥吸收磷，出水得到净化

54. 污水脱氮可以采用以下哪些方法？（　　）

A. 生物脱氮技术　　B. 离子交换法

C. 折点加氯法　　D. 化学法脱氮

55. 关于反硝化菌不需要的条件是（　　）。

A. 以有机碳为 C 源　　B. 有足够的碱度

C. 缺氧　　D. 温度 15~40℃

56. 对于生物脱氮工艺描述正确的是（　　）。

A. 好氧段完成碳化和硝化两个过程

B. 厌氧段完成生物脱氮的过程

C. 一般内回流比低于污泥回流比

D. 属于推流式

57. 稳定塘处理工艺流程包括（　　）。

A. 预处理工艺　　B. 稳定塘工艺

C. 后续处理及出水利用工艺　　D. 污泥处理工艺

58. 对稳定塘主体设计最重要的是确定（　　）。

A. 水深　　B. 有机负荷

C. 水力停留时间　　D. 污泥停留时间

59. 污水土地处理系统由以下哪几部分组成？（　　）

A. 污水和预处理设备

B. 污水的调节、储存设备

C. 污水的输送、配布和控制系统与设备

D. 土地净化田、净化水的收集、利用系统

60. 土壤对污水的净化作用是十分复杂的综合过程，其中包括（　　）。

A. 物理过程中的过滤、吸附　　B. 化学反应

C. 化学沉淀　　D. 微生物的代谢作用下的有机物分解

61. 湿地处理系统对污水净化的作用机理有（　　）。

A. 物理的沉降作用

B. 植物根系的阻截作用

C. 某些物质的化学沉淀作用

D. 土壤及植物表面的吸附与吸收作用

62. 稳定塘的缺点有（　　）。

A. 占地面积大，没有空闲的余地是不宜采用的

B. 污水净化效果在很大程度上受季节、气温、光照等自然因素的控制，不够稳定

C. 防渗处理不当，地下水可能遭到污染，应认真对待

D. 易于散发臭气和滋生蚊蝇等

63. 稳定塘按生物类型、供氧方式和功能可分为（　　）等。
A. 好氧塘　　B. 厌氧塘
C. 兼氧塘　　D. 曝气塘

64. 下列关于污水自然处理的设计要求，正确的有（　　）。
A. 采用稳定塘处理污水，塘底必须有防渗措施
B. 污水自然处理前，一般需进行预处理
C. 在熔岩地区，可采用土地渗滤法代替稳定塘
D. 土地处理厂不宜紧邻公路建设

65. 利用大型水生植物防治水体富营养化的基本原理主要有（　　）。
A. 植物的光合作用　　B. 植物的吸收作用
C. 植物根际微生物的作用　　D. 超富集植物的富集作用

66. 污泥组分的测定中，VSS 表示下列哪几项物质？（　　）
A. 灰分　　B. 挥发性固体
C. 有机物量　　D. 无机物量

67. 对于城市污水处理厂生物除磷工艺中排除的剩余污泥，宜采用下列哪些方法进行浓缩？（　　）
A. 重力浓缩　　B. 机械浓缩
C. 气浮浓缩　　D. 自然浓缩

68. 以下关于厌氧消化池的设计，哪些说法是错误的？（　　）
A. 厌氧消化池的总耗热量应按全年平均日气温通过热工计算确定
B. 污泥投配泵可选用离心式污水泵或螺杆泵
C. 搅拌可使厌氧反应器中污泥的温度与浓度均匀，使微生物与基质充分接触，促进有机物的分解
D. 贮气罐容积宜根据产气量和用气量计算确定，如缺乏相关资料时，可按 6~10h 的最大产气量设计

69. 对于进行机械脱水的污泥，采用下列哪几种预处理方法可降低污泥的比阻？（　　）
A. 对污泥进行热处理
B. 对污泥进行冷冻处理
C. 对污泥进行机械浓缩
D. 在污泥中加入混凝剂、助凝剂等化学药剂

70. 污泥处理与处置的基本流程，按工艺顺序，正确的有（　　）。
A. 生污泥浓缩、消化、自然干化、最终处理
B. 生污泥消化、浓缩机械脱水、最终处理
C. 生污泥浓缩、消化、机械脱水、堆肥、最终处理
D. 生污泥消化、脱水、焚烧、最终处理

多选题答案

1. ABCD	2. CD	3. AB	4. BCD	5. ABD
6. CD	7. ABD	8. ABD	9. ABD	10. ABC
11. ABCD	12. BC	13. AD	14. ABD	15. ABCD
16. ABCD	17. BCD	18. AB	19. AB	20. AD
21. ABC	22. CD	23. ABC	24. BC	25. BC
26. ABCD	27. ABCD	28. CD	29. ABC	30. ABCD
31. ABCD	32. ABCD	33. BCD	34. AD	35. BC
36. AD	37. CD	38. BC	39. ABCD	40. BC
41. AC	42. ABC	43. ABCD	44. ABC	45. AD
46. ACD	47. AC	48. ABD	49. AC	50. ABCD
51. ABD	52. ACD	53. ACD	54. ABCD	55. ACD
56. ABD	57. ABC	58. ABC	59. ABCD	60. ABCD
61. ABCD	62. ABCD	63. ABCD	64. ABD	65. BCD
66. BC	67. BC	68. AD	69. ABD	70. AC

2.6 简 答 题

1. 个体自由沉降其沉速是指的什么条件下的沉速，其影响因素如何试分析之？

答：个体自由沉降的沉速指的是在受力平衡状态下颗粒所具有的沉速，可由斯托克斯方程式表示，由方程式可见影响自由沉降速度的因素有颗粒与水的密度差（$\rho_s-\rho$）越大，沉速越快，成正比关系。（1）当$\rho_s>\rho$时，颗粒下沉；当$\rho_s<\rho$时，颗粒上浮；当$\rho_s=\rho$时，颗粒既不上浮也不下沉；（2）颗粒直径越大，沉速越快，成正比的平方关系；（3）水的黏度越小，沉速越快，成反比关系。因水的黏度与水温成反比，故提高水温有利于加速沉淀。

2. 调节池采用堰顶溢流出水时，能够起到水量调节的作用吗？用什么方式可以达到水量调节的目的？

答：不能。若要达到水量调节的目的：一种办法是采取稳定水位的措施；二是在调节池外设置水泵。

3. 试说明沉速 u_0 在进行沉淀池面积计算时设计依据。

答： 因为 $u_0t_0=H$，$V_{池}=HA_{面}=Qt_0$，所以 $u_0=H/t_0=Qt_0/(A_{面}t_0)=Q/A=q$，即沉速 u 在数值上等于 q（面积负荷率）。

4. 澄清池的工作原理与沉淀池有何异同？运行上要注意什么问题？

答： 沉淀池中，悬浮颗粒沉到池底，沉淀过程即告完成。而在澄清池中，沉到池底的污泥又被提升起来，并使处于均匀的悬浮状态，在池中形成稳定的泥渣悬浮层（即接触凝聚区），原水通过时，利用接触凝聚的原理，吸附进水中的矾花，达到去除悬浮物的目的。

5. 水中颗粒被过滤设备（包括滤池及其他过滤设备）**截留主要靠什么作用？**

答： 水中颗粒被过滤设备（包括滤池及其他过滤设备）截留主要靠滤料层表面沉淀和接触吸附作用，一旦在滤层表面形成一层滤膜后，便会产生筛除的截留作用，但这种截留作用会使滤池很快堵塞。

6. 试叙反冲洗配水不均匀的绝对性，怎样才能达到配水相对均匀？

答： 根据大阻力配水系统的原理分析，穿孔配水管末端 b 孔的流量 $Q_b=\{(S_1+S_2')Q_{a2}/(S_1+S_1'')+(v_1+v_2)/[(S_1+S_2'')2g]\}^{0.5}$，由此看出首端孔口 a 和末端孔口 b 的出流量是不可能相等的。但可以通过减小孔口总面积以增大 S_1，削弱 S_2'、S_2'' 及配水系统压力不均匀的影响，从而使 Q_a 尽量接近 Q_b。而小阻力配水系统则是通过减小上式中的 v_1、v_2 至一定的程度，等式右边根号中第二项对布水均匀性的影响将大大削弱，以达到均匀布水的目的，因此无论是大阻力配水系统，或是小阻力配水系统都不可能达到反冲洗配水系统的绝对均匀。

7. 是否任何物质都能与空气泡吸附？取决于哪些因素？

答： 物质能否与气泡吸附主要取决于颗粒的疏水性能，颗粒疏水性能取决于气固界面接触角的大小，大于 90°为疏水性物质，小于 90°者为亲水性物质，当等于零时，固体颗粒完全被润湿，而不能被吸附，当小于 90°时，颗粒与气泡的吸附不牢，容易在水流的作用下脱附，当大于 90°时，颗粒则容易被气泡吸附。而对亲水性物质，则可以通过投加浮选剂，改变其接触角使其表面转化成疏水物质而与气泡吸附。

8. 在水处理实践中，应当考虑哪些因素选择适宜的氧化剂或还原剂？

答：（1）对水中特定的杂质有良好的氧化还原作用。

（2）反应后的生成物应当无害，不需二次处理。

（3）价格合理，易得。

（4）常温下反应迅速，不需加热。

（5）反应时所需 pH 值不太高或不太低。

9. 在电解槽内，阴阳极上分别发生什么反应？写出电解反应的离子方程式。（以 M^{n+} 为金属阳离子为例）

答： 阴极：还原反应 $M^{n+} + ne = M\downarrow$

$$2H^+ + 2e = H_2$$

阳极：　氧化反应 $2OH^- \longrightarrow 4e + 2H^+ + O_2$

10. 电解法处理含铬废水的优缺点是什么？

答： 优点：效果稳定可靠，操作管理简单，设备占地面积小；废水水和重金属离子也能通过电解有所降低。

缺点：需要消耗电能，消耗钢材，运行费用较高，沉渣综合利用问题有待进一步研究解决。

11. 含铬废水有哪些处理方法？（最少写出三种）

答： 电解法，药剂氧化还原法，离子交换法等。

12. 在消毒中为什么广泛采用氯作为消毒剂？近年来发现了什么问题？

答： 氯的价格低廉，消毒效果良好，且使用较方便。

近年来发现氯化消毒过程中在可能产生致癌性的三氯甲烷等化合物，因此，国内外都在探索更为理想的消毒药剂。

13. 投药中和法和过滤中和法的优缺点各是什么？

答：（1）投药中和法。优点：可以处理任何物质，任何浓度的酸性废水，当投加石灰时，氢氧化钙对废水中的杂质还具有凝聚作用。缺点：劳动卫生条件差，操作管理复杂，制备浓度，投配药剂需要较多的机械设备；石灰质量往往不能保证，灰渣较多，沉渣体积庞大，脱水麻烦。

（2）过滤中和法。优点：操作管理简单，出水 pH 值较稳定，不影响环境卫生，沉渣少。缺点：进水硫酸浓度受到限制。

14. 在氧化还原反应中，对有机物氧化还原反应如何判断？

答： 用加氧或去氢的反应称为氧化，或者有机物与强氧化剂相作用生成

CO_2、H_2O 等的反应判定为氧化反应，加氢或去氧的反应称为还原反应。

15. 活性污泥法的运行方式有哪几种？试就传统活性污泥法特点，简述其他活性污泥法产生的基础。

答：活性污泥法的主要运行方式有：（1）普通活性污泥法；（2）渐减曝气法；（3）多点进水活性污泥法（阶段曝气法）；（4）吸附再生活性污泥法；（5）完全混合性污泥法；（6）延时曝气活性污泥法；（7）氧化沟。

对于传统活性污泥法，污水与生物污泥同时从首端进，尾端出；微生物的增长在增长曲线上，呈现出一个线段；该法具有处理效率高、出水水质好，剩余污泥量少的优点。但该法的不足是耐冲击负荷差和供氧与需氧不平衡。

16. 污泥沉降比、污泥指数和污泥浓度三者关系如何？试叙其在活性污泥运行中的重要意义。

答：SVI（污泥指数）= SV×10/MLSS(g/L)。污泥指数 SVI 正常运行的情况下为 50~150，污泥指数 MLSS 一定的情况下，可计算出 30min 沉降比 SV，故可通过测定 30min 沉降比，很简便地判定曝气池内污泥状况，并进行相应的处理。

17. 试就曝气池中的污泥平衡推导出 X、X_r、r 之间的关系式。

答：就曝气池的污泥平衡为：$QX_r = (Q + rQ)X$（进水 $X_0 = 0$）于是有：$QX_r = QX + rXQ$，$rQX = Q(X_r - X)$ 所以：$r = Q(X_r - X)/(QX) = (X_r - X)/X$。

18. 活性污泥法系统中，二次沉淀池起什么作用？在设计中有些什么要求？

答：活性污泥法系统中，二次沉淀池的作用在于：（1）泥水分离作用；（2）对污泥起一定的浓缩作用以保证曝气池对污泥量需要。故根据沉淀速度确定的沉降面积和为满足一定的浓缩作用确定面积后，选择其中大者作为设计沉淀面积，以保证对两者需要。

19. 活性污泥法为什么需要回流污泥，如何确定回流比？

答：活性污泥法是依靠生物污泥对 BOD 的去除的，进水所带生物量有限，故应从二次沉淀池分离出的污泥中回流，一部分进曝气池。回流比的大小取决于曝气池内污泥浓度 X 和回流污泥浓度 X_r，根据进出曝气池的污泥平衡 $r = (X_r - X)/X$。

20. 活性污泥法需氧量如何计算，它体现了哪两方面的需要？

答：活性污泥法需氧量一是生物对 BOD 的分解需氧，二是微生物内源呼吸需氧。日常需氧量为 $aQ(S_0 - S_e) + bVX_0$（其中 Q 为日处理水量）。

21. 试说明活性污泥法处理水中 BOD 的组成，并说明它们各代表何种处理构筑物的功能作用？

答： 活性污泥法处理水中 BOD 由两项组成：（1）为溶解性的 BOD_5；（2）非溶解性的 BOD_5。溶解性的 BOD_5 来自生物处理后残存的溶解性有机物，它表示了曝气池运行效果，非溶解性 BOD_5 来源于二次沉淀池中带出和微生物悬浮性固体，它表示了二次沉淀池中固液分离的效果。

22. 试分析生物膜的主要特征。

答： 生物膜法是以固着在载体表面的生物膜对污水起净化作用的一种方法，污水经过生物膜反应器被净化。就生物膜的工作状况分析生物膜法的主要特征为：（1）参与净化反应微生物多样化有一定的脱氮作用；（2）污泥产量低，沉降性能好；（3）对进水水质、水量变化适应性较强；（4）易于维护运行、节能。

23. 试扼要讨论影响厌氧生物处理的因素。

答： 影响厌氧消化的主要因素有：（1）温度：有中温发酵和高温发酵，高温发酵消化时间短产气量高，杀菌灭卵效果好。（2）pH 值及碱度：厌氧发酵的最佳 pH 值应控制在 6.8~7.2，低于 6 或高于 8，厌氧效果明显变差，挥发酸的数量直接影响到 pH 值，故反应器内应维持足够的碱度。（3）碳氮比，适宜的碳氮比为 C/N=(10~20)：1。（4）有机负荷率，厌氧消化的控制速率是甲烷发酵阶段，因此过高的有机负荷率可能导致有机酸的积累而不利于甲烷发酵的进行。（5）搅拌：适当搅拌是必须的，以防止形成渣泥壳和保证消化生物环境条件一致。（6）有毒物质，应控制在最大允许浓度以内。

24. 如何提高冷却塔的散热速度？

答： 若要提高冷却塔的散热速度，应尽可能使水形成小水滴或水膜，以扩大水和空气的接触的面积；提高水面空气的流动速度，使逸出的水蒸气分子迅速扩散才能提高冷却塔的散热速度。

25. 配水管网布置有哪几种形式？各自特点是什么？

答： 配水管网的布置形式有两种，即树枝管网和环式管网。树枝管网管线长度最短，构造简单，供水直接，投资较省，但供水可靠性较差。环式管网中每条管道中都可以由两个方向来水，因此供水安全可靠。环式管网还可以降低管网中的水头损失、节省动力、并能大大减轻管内水锤的威胁，但其管线长，投资较大。

26. 什么是水泵的扬程？如何确定？

答：水泵的扬程又称总水头或总扬程。水泵的扬程等于单位质量的液体，通过水泵后所增加的能量。以 H 表示。水泵的扬程在实际过程中，用于两方面：一是将水由吸水井提升至水塔或处理构筑物（即静扬程 H_{st}）；二是消耗在克服管路中的水头损失（h）。因此水泵的总扬程应为 $H=H_{st}+h$。为安全起见，在计算总扬程 H 后，往往再加上一个富裕水头。

27. 污水处理厂高程布置的任务是什么？水力计算如何进行方能保证污水的重力自流？

答：污水处理厂高程布置的任务是：（1）确定各处理构筑物和泵房的标高；（2）确定处理构筑物之间连接管渠的尺寸及其标高；（3）计算确定各部位的水面标高，使污水能按处理流程在处理构筑物之间靠重力自流。水力计算时选择一条距离最长，水头损失最大的流程计算，逆废水处理流程向上倒推计算，并适当留有余地，以保证在任何情况下，处理系统都能够正常运行。

28. 生活污水与工业污水的区别有哪些？

答：生活污水：人类日常生活污染了的水，其特点：（1）同一地区、同一时段水质水量差别不大；（2）不同地区和时段水量水质有差别，与自然条件、居住条件、生活习惯有关；（3）主要污染物相对简单；（4）含洗涤剂、磷酸盐助洗剂等，不易消除；（5）以生物处理为主。

工业废水：工矿企业生产和生活过程中产生的废水，其特点：（1）面广量大，各行各业均有；（2）成分复杂；（3）浓度各异；（4）有害成分多，毒性大；（5）处理工艺较复杂，常为多种处理方法的组合，且预处理重要。

29. 与活性污泥相比，生物膜法的优缺点是什么？

答：生物膜法优点：

（1）微生物方面的特征：1）微生物种类丰富，生物的食物链长；2）存活时代时间较长的微生物，有利于不同功能的优势菌群分段运行；

（2）处理工艺方面的特征：1）对水质水量变动有较强的适应性；2）适合低浓度污水的处理；3）剩余污泥产量少；4）运行管理方便。

生物膜法缺点：（1）去除率不及活性污泥；（2）滤料增加了工程建设投资；（3）生物膜法工艺设计和运行不当可能发生滤料破损、堵塞等现象。

30. 简述上流式厌氧污泥床反应器（UASB）的构造和高效运行的特点。

答：构造：（1）进水配水系统；（2）反应区：污泥床区、活性悬浮区；

（3）三相分离器；（4）出水系统；（5）气室；（6）浮渣收集系统；（7）排泥系统。

特点：良好的颗粒污泥床的形成，使得有机负荷和去除率高，不需要搅拌，能适应负荷冲击和温度与 pH 值的变化。

31. 生物接触氧化池与曝气生物滤池有何区别？

答：（1）机理不同：生物接触氧化池主要利用微生物吸附、氧化分解作用去除污染物；曝气生物滤池主要利用微生物吸附、氧化作用和滤料的过滤作用去除污染物。

（2）结构组成不同：前者可以有初沉池，必须有二沉池；后者必须有初沉池，一般不需要二沉池。

（3）填（滤）料不同：前者可用碎片、炉渣、塑料等粒状填料，也可用波纹板、软性纤维、蜂窝等填料；后者一般用均质陶粒及塑料球形颗粒。

（4）优缺点不同：前者动力消耗较少，抗冲击能力差；后者能抗日常冲击负荷，但动力消耗较大。

（5）前者一般不需要进行反冲洗，后者需要。

（6）前者污泥产量较少，后者污泥产量较高。

32. 设置沉淀池的目的和作用是什么？

答：沉砂池设置的目的是去除污水中泥沙、煤渣等相对密度较大的无机颗粒，以免影响后续处理构筑物的正常运行。

33. 曝气沉砂池的工作原理与平流沉砂池有何区别？

答：平流式沉砂池是通过控制进入的污水流速，以重力分离无机颗粒；而曝气沉砂池是由于曝气作用，在池的横断面上产生旋转流动，整个池内水流产生螺旋状前进的流动形式，无机砂粒由于离心力作用而沉入集砂槽内。

34. 加压溶气气浮法有哪几种基本流程与溶气方式？各有何特点？

答：根据加压溶气水的来源不同可分为三种基本流程：（1）全加压溶气流程：该流程将全部入流废水进行加压溶气，气量大，增加了悬浮物或油粒与气泡的接触机会，所需的容器罐和压力泵较其他两种流程大，投资和运转动力消耗较大。（2）部分加压容器流程：将部分入流废水进行加压溶气，其余纷纷直接进入气浮池，该法比全加压溶气流程节省电耗和设备，如欲提供同样的空气量就必须在高压下运行。（3）部分回流加压溶气流程：将部分澄清液进行回流加压，入流废水直接进入气浮池。与前两者相较，该流程加压溶气为经过气浮处理的澄清水，对容器及减压释放过程较为有利。

35. 在废水处理中，和沉淀法相比较，气浮法有何优缺点？

答：优点：（1）速度快，占地少，基建费用节省；（2）具有预曝气作用，出水和浮渣都含有一定氧，有利于后续处理，沉渣不易腐烂；（3）浮渣含水率低；（4）可回收有用物质；（5）对于那些很难用沉淀法去除的物质效率高，出水好。

缺点：（1）电耗大；（2）浮渣怕较大的风雨袭击；（3）目前常用的溶气气浮减压器易堵塞。

36. 简述好氧和厌氧生物处理有机污水的适用条件及优缺点。

答：好氧生物处理：优点是反应速率快，反应时间短，处理构筑物容积较小，出水水质好，散发的臭气少。缺点是能耗高，运行费用高。适用于中低浓度的有机污水或者是BOD_5小于500mg/L的有机污水。

厌氧生物处理：优点是无须另外供电子受体，费用低，营养盐需求少，剩余污泥量少，可回收能量（甲烷）。缺点是反应速率较慢，反应时间长，处理构筑物容积大，消耗能源多。适用于有机污泥和高浓度有机污水的处理。

37. 简述活性污泥膨胀的概念，污泥膨胀的原因、危害及处理方法。

答：混合液在1000mL量筒中沉淀30min后，污泥体积膨胀，上层澄清液减少，这种现象称为活性污泥膨胀。

污泥膨胀的原因：（1）污泥中丝状菌大量繁殖导致的丝状菌性膨胀；（2）因黏性物质大量积累而导致的非丝状性膨胀。

污泥膨胀的危害：因膨胀污泥不易沉淀，容易流失，既降低了处理后的出水水质，又造成回流污泥量的不足，如不及时加以控制，就会使系统中的污泥越来越少，从而从根本上破坏曝气池的运行。

污泥膨胀的处理办法：（1）加杀菌药物；（2）加化学药剂；（3）加沉降剂；（4）改善运行工况。

38. 活性污泥系统中重要运行参数的观测与调节有哪些？（至少5点）

答：（1）对活性污泥状况的镜检观察；（2）营养平衡的调节；（3）对供氧量的调节；（4）污泥沉降性能的测定与调节；（5）pH值的调节；（6）对曝气时间的调节；（7）回流污泥的调节。

39. 生物脱氮除磷的主要影响因素是什么？

答：影响因素主要有三类：（1）环境因素，如温度、pH值、DO；（2）工艺因素，如污泥泥龄，各反应区的水力停留时间、二沉池的沉淀效果；（3）污水成分，如污水中易降解有机物浓度、BOD_5与 N、P 比值。

生物脱氮：

（1）硝化：1）好氧环境；2）碱性环境，适宜 pH：8.0~8.4；3）时宜的温度：20~30℃；4）污泥泥龄。

（2）反硝化：1）碳源；2）pH 值：最适宜的 pH 值为 6.5~7.5；3）溶解氧浓度：控制在 0.5mg/L 以下；4）温度：最适应温度 20~40℃。

生物除磷：（1）溶解氧；（2）污泥泥龄；（3）温度为 5~30℃；（4）pH 值为 6~8；（5）BOD 负荷；（6）活性污泥沉降性能等。

40. 化学沉淀法的常用方法、适用特性与特点有哪些？

答：（1）氢氧化物沉淀法。适用：废水中重金属离子的去除；优点：对重金属去除范围广，沉淀剂来源丰富，价格低廉，无二次污染；缺点：需调整废水 pH 值。

（2）硫化物沉淀法。适用：应用范围不广，又是作为氢氧化物沉淀法的补充；优点：去除效果好，更彻底；缺点：处理费用高。

（3）钡盐沉淀法。适用：主要用于含六价铬的废水处理。

41. 中和处理和化学沉淀法处理的区别？

答：（1）对象不同：中和处理主要针对废水中的酸碱度，化学沉淀则是针对溶解性污染物。

（2）位置不同：中和处理常位于其他处理方法之前，化学沉淀则相对靠后。

（3）原理和方法不同：中和处理是利用酸碱中和反应将废水调至中性，化学沉淀则是利用化学药剂与污染物反应生成难溶盐沉淀下来。

（4）投加药剂不同：中和处理投加酸或碱，化学沉淀则是添加化学药剂。

（5）适用范围不同：中和处理适用于酸度、碱度比较大的废水，化学沉淀适用于含金属离子的工业废水处理。

42. 简述吹脱、汽提的定义及适用范围。

答：将气体（空气/蒸汽）作为载体通入废水中，使之与废水充分接触，使废水中的溶解气体和易挥发的溶质穿过气液界面，向气相转移，从而达到脱除污染物的目的，我们常用空气和蒸汽作为载体，习惯上把前者称为吹脱，把后者称为汽提。适用范围：主要用于脱除废水中的挥发性溶解物质和溶解性有毒有害物质，如挥发酚、甲醛、硫化氢等。

43. 简述萃取的定义、原理及适用范围。

答：萃取的定义：萃取是用适当的溶剂分离混合物的过程。

萃取的原理：将一种溶剂加入待分离液体混合物中，利用混合物中各组分在不同溶剂中溶解度的不同，将原料中待分离的一种或数种成分分离出来。

萃取的适用范围：主要适用于某些溶解性污染物的去除，像含挥发性物质和个别含重金属的废水处理。

44. 简述吸附去除的优缺点。

答：优点：(1) 适用范围广；(2) 效果好，出水水质好，稳定；(3) 可回收有用物质；(4) 吸附剂可重复利用。

缺点：(1) 对进水与预处理要求高；(2) 运行费用高。

45. 影响吸附的因素有哪些?

答：(1) 吸附剂的性质：比表面积、孔结构、表面化学性质；

(2) 吸附质的性质：溶解性能、分子体积、扩散系数；

(3) 操作条件：pH 值、温度、接触时间；

(4) 共存物的影响：废水中的其他杂质会在吸附剂表面形象吸附反应。

46. 简述滤池的分类、优缺点及适用条件。

答：滤池的分类有多种方法，按滤速分为慢滤池、快滤池和高速滤池；按使用的滤料分为普通快滤池、煤-砂双层滤池、煤-砂-磁铁矿二层滤池、陶粒滤池、硅藻土滤池、纤维滤池等。按滤池使用的阀门数量分为四阀滤池（快滤池）、双阀滤池、单阀滤池、无阀滤池、虹吸滤池等。目前国内所用滤池全部采用快滤池。

普通快滤池和双层滤池：适用于进水浑浊度小于 20NTU，短期内可以小于 50NTU。用于大中小型水处理厂，一般单池面积不大于 $100m^2$。普通快滤池的运行管理方便，但阀件多，渗漏多，需有专设冲洗设备。双层滤池的滤速高，工作周期长，可由普通快滤池改造而成。但滤料选择严格，冲洗操作严格，且容易沉泥。

接触双层滤池，即直接过滤、使用于 $5000m^3/d$ 以下的小型水处理厂，进水浑浊度要求小于 150NTU。优点是可以用一次净化原水，处理构筑物少，占地少，基建投资低；但工作周期短，加药管理复杂，冲洗操作较严格。

虹吸滤池：适用于大、中型水处理厂。每格池面积不小于 $25m^2$，进水浑浊度要求小于 20NTU。优点是阀件简单，不需专设冲洗设备，可以自动化控制；但需配有抽真空设备，池子深，结构复杂。

无阀滤池：无阀滤池分重力式和压力式两种。重力式无阀滤池单池面积不小于 $25m^2$，使用于中小型水处理厂，进水浑浊度要小于 20NTU；压力式无阀滤池单池面积小于 $5m^2$，用于小型水处理厂，进水浑浊度要求小于 150NTU。重力式无阀滤池操作管理十分方便，能自动反冲洗，但检修时清砂不方便；使用压力式无阀滤池可省去二级泵站，但清砂也不方便，工作周期短，冲洗操作控制较严格。

47. 如何从理想沉淀池的理论分析得出斜板（管）沉淀池的产生依据？

答：设斜管沉淀池池长为 L，池中水平流速为 v，颗粒沉速为 u，在理想状态下，$L/H=v/u$。可见 L 与 v 值不变时，池身越浅，可被去除的悬浮物颗粒越小。若用水平隔板将 H 分成 3 层，每层层深为 $H/3$，在 u 与 v 不变的条件下，只需 $L/3$，就可以将沉速 u 的颗粒去除，也即总容积可减少到原来的 1/3。如果池长不变，由于池深为 $H/3$，则水平流速可增加到 $3v$，仍能将沉速为 u 的颗粒除去，也即处理能力提高 3 倍。同时将沉淀池分成 n 层就可以把处理能力提高 n 倍。

48. 简述废水过滤所涉及的作用机理。

答：粒状介质过滤的机理，可概括为以下三个方面：阻力截留、重力沉降、接触絮凝。

49. 反冲洗配水系统的作用是什么？常用的配水系统有哪两种？每种配水系统的原理是什么？各有何优缺点？

答：反冲洗配水系统的作用是保证反洗水能均匀地分布在整个滤池断面上，而在过滤时也能均匀地收集滤过水。

目前常用的两种配水系统是大阻力配水系统和小阻力配水系统。其原理分别为：

（1）大阻力配水系统的原理是增大整个配水系统布水孔眼的阻力，降低由于距离不同而引起的水头损失的差异在总水头损失中的比例。

（2）小阻力配水系统的原理是减小整个配水系统的总水头损失，使距离不同引起的水头损失的差异减小来达到配水均匀的目的。

优缺点分别为：

（1）大阻力配水系统配水均匀，在生产实践中工作可靠，是主要的配水形式。

（2）小阻力系统由于配水室中水流速度很小，反洗水流经配水系统的水头损失也大大减小，要求的冲洗水头在 2m 以下，而且结构也比较简单，但配水均匀性较差，常应用于面积较小的虹吸滤池等新型滤池。但配水均匀性较差，常应用于面积较小的虹吸滤池等新型滤池。

50. 什么叫滤料"有效粒径"和"不均匀系数"？不均匀系数过大对过滤和反冲洗有何影响？

答：有效直径是指能使10%的滤料通过的筛孔直径（mm），以 d_{10} 表示，即粒径小于 d_{10} 的滤料占总量的10%。同样，d_{80} 表示能使80%的滤料通过的筛孔直径（mm）。d_{80} 与 d_{10} 的比值就称为滤料的不均匀系数，以 k 表示。不均匀系数越大，则滤料越不均匀，小颗粒会填充于大颗粒的间隙内，从而使滤料的空隙率和纳污能力降低，水头损失增大，因此不均匀系数以小为佳。

51. 试述硫化物沉淀法常用药剂、去除对象及特点，并剖析硫化物沉淀法除Hg（Ⅱ）的基本原理。

答：硫化物沉淀法常用的沉淀剂有硫化氢、硫化钠、硫化钾等。大多数金属离子都可用硫化物沉淀法进行去除，硫化物法比氢氧化物法能更完全地去除金属离子，但是由于它的处理费用较高，硫化物沉淀困难，常需要投加凝聚剂以加强去除效果，因此，采用得并不广泛，有时作为氢氧化物沉淀法的补充方法。

硫化物沉淀法除Hg(Ⅱ)的基本原理：在碱性条件下（pH值为8~10），向废水中投加硫化钠，使其与废水中的汞离子或亚汞离子进行反应：

$$2Hg^{+} + S^{2-} = Hg_2S = HgS\downarrow + Hg\downarrow$$

$$Hg^{2+} + S^{2-} \rightleftharpoons HgS$$

Hg_2S 不稳定，易分解为HgS和Hg。此法处理低浓度含汞废水时，由于生成的硫化汞颗粒很小，沉淀物分离困难，为了提高除汞效果，常投加适量的凝聚剂（如 $FeSO_4$ 等）进行共沉，这种方法称为硫化物共沉法。

52. 试述铁氧体沉淀法处理含重金属废水的基本原理、工艺流程及操作条件。

答：铁氧体沉淀法处理含重金属废水的基本原理：铁氧体指一类具有一定晶体结构的复合氧化物，具有高的磁导率和高的电阻率，在废水中投加亚铁盐补充 Fe^{2+} 和 Fe^{3+} 充氧和加热，形成氧化或还原反应使重金属离子转化为形成铁氧体的原料之一，再调剂废水的pH值，形成含有金属的铁氧体沉淀下来。

铁氧体沉淀法工艺过程：投加亚铁盐—加碱沉淀—充氧加热、转化沉淀—固液分离—沉渣处理。

铁氧体沉淀法操作条件：（1）为了形成铁氧体，需要有足量的 Fe^{2+} 和 Fe^{3+}；（2）加碱沉淀时，pH值控制在8~9之间；（3）充氧加热时，加热温度60~80℃，时间20min。

53. 简述电解上浮法和电解凝聚法的作用原理。

答：电解上浮法的作用原理：电解时，在阴、阳两极都会不断产生 H_2 和 O_2，有时还会产生其他气体。例如电解处理含氰废水时会产生 CO_2 和 N_2 气体等，这些气体以微气泡形式逸出，可起到电气浮作用，使废水中微粒杂质上浮至水面，而后作为泡沫去除。在电解过程中有时还会产生温度效应，从而产生去除臭味的作用。总之，电解法具有多种功能，处理废水的效果是这些功能的综合结果。

电解凝聚法的作用原理：若电解槽用铁或铝板作阳极，则它失去电子后将逐步溶解在废水中，形成铝或铁离子，经水解反应而生成羟基络合物，这类络合物在废水中可起混凝作用，将废水中的悬浮物与胶体杂质去除。

54. 电解上浮法在废水处理中的主要作用有哪些？

答：进行电解上浮时，除了分离细小悬浮物外，阳极还具有降低 BOD 和 COD、脱色、脱臭、消毒的能力，阴极还具有沉积重金属离子的能力。

55. 试分别举例说明电化学氧化和电化学还原的作用原理。

答：电化学氧化的作用原理：阳极接受电子，相当于氧化剂，氧化水中污染物。

$$CN^- + 2OH^- - 2e = CNO^- + H_2O$$

$$2CNO^- + 4OH^- - 6e = N_2 + 2CO_2 + 2H_2O$$

电化学还原的作用原理：阴极可以给出电子，相当于还原剂，可使废水中的重金属离子还原出来，沉积于阴极，加以回收利用。

阳极氧化：

$$Fe = Fe^{2+} + 2e$$

间接还原：

$$Cr_2O_7^{2-} + 6Fe^{2+} + 14H^+ = 2Cr^{3+} + 6Fe^{3+} + 7H_2O$$

$$CrO_4^{2-} + 3Fe^{2+} + 8H^+ = Cr^{3+} + 3Fe^{3+} + 4H_2O$$

阴极还原：

$$Cr_2O_7^{2-} + 14H^+ + 6e = 2Cr^{3+} + 7H_2O$$

$$CrO_4^{2-} + 8H^+ + 3e = Cr^{3+} + 4H_2O$$

沉淀去除：

$$Cr^{3+} + 3OH^- = Cr(OH)_3$$

$$Fe^{3+} + 3OH^- = Fe(OH)_3$$

56. 简述湿式氧化处理技术的原理。

答：湿式氧化处理技术的原理：湿式氧化法一般在高温（150~350℃）、高压（5~20MPa）操作条件下，在液相中，用氧气或空气作为氧化剂，氧化水中溶解态或悬浮态的有机物或还原态的无机物的一种处理方法，最终产物是二氧化碳和水。

57. 简述光催化氧化处理技术的原理。

答：光催化氧化处理，一般可分为均相、非均相两种类型。均相光催化降解主要以 Fe^{2+} 或 Fe^{3+} 及/H_2O_2 为介质，通过 Photo-Fenton 反应使污染物得到降解。此类反应能直接利用可见光。多相光催化降解就是在污染体系中投加一定量的光敏半导体材料，同时结合一定能量的光辐射，使光敏半导体在光的照射下激发产性电子—空穴对，吸附在半导体上的溶解氧、水分子等与电子—空穴对作用，产生·OH 等氧化性极强的自由基，再通过与污染物之间的羧基加成、取代、电子转移等使污染物全部或接近全部矿化，最终生成 CO_2、H_2O 及其他离子如 NO_4^-、PO_4^{3-}、SO_4^{2-}、Cl^- 等。

58. 简述超声波处理技术的基本原理。

答：超声降解水体中的化学污染物是一物理化学降解过程，其主要基于超声空化效应以及由此引发的物理和化学变化。超声作用的化学反应可能包括下列内容：生成热，混合（搅拌），传质，促进物质间接触，驱散污染层，形成·OH。超声波的频率范围一般为 20kHz~10MHz。当一定强度的超声波施于某一液体系统中时，将产生一系列的物理和化学效应，这些反应是由声场条件下大量空化气泡的产生和破灭引起的，并明显改变液体中溶解态和颗粒态物质的特性。声化学反应主要源于声空化液体中空腔的形成、振荡、生长、收缩至崩溃及其引发的物理、化学变化。声空化产生的高温高压条件足以打开结合力很强的化学键，并且促进“水相燃烧”反应。

59. 什么叫游离（自由）性氯、化合性氯？消毒效果有何区别？

答：水中所含的氯以氯胺存在时，称为化合性氯或结合氯，次氯酸形式的氯叫自由性氯。自由性氯的消毒效能比化合性氯要高得多。

60. 何谓同向絮凝和异向絮凝？两者的碰撞速率与哪些因素有关？

答：同向絮凝：由水力或机械搅拌产生。

异向絮凝：由布朗运动造成的碰撞，主要发生在凝聚阶段。

同向絮凝碰撞速率的相关因素：颗粒物数量浓度、颗粒尺寸、速度梯度。

异同向絮凝碰撞速率的相关因素：颗粒物数量浓度、水温。

61. 影响混凝效果的主要因素有哪几种？这些因素是如何影响混凝效果的？

答：影响混凝的主要因素有四个，分别是水温、pH 值、水中杂质和水力条件。具体影响情况如下：

（1）水温：无机盐混凝剂水解是吸热反应，低温水混凝剂水解困难；低温水的黏度大，水中杂质颗粒的布朗运动减弱，碰撞机会减少，不利于胶体脱稳凝聚；水温低时，胶体颗粒水化作用增强，妨碍胶体凝聚。

（2）水的 pH 值：无机盐水解造成 pH 值的下降，影响水解产物形态；最佳 pH 值处的混凝效果最好、反应速度最快。

（3）水中杂质：水中杂质浓度低，颗粒间碰撞机会减少，混凝效果差，可通过加入高分子助凝剂或加黏土来消减其影响。

（4）水力条件：包括搅拌强度和搅拌时间。混凝前期搅拌强度大（有利药剂的扩散混合），后期逐渐减弱（有利于絮体成长），混凝前期搅拌时间短，后期时间长。

62. 微气泡与悬浮颗粒相黏附的基本条件是什么？有哪些影响因素？如何改变微气泡与颗粒的黏附性能？

答：黏附后界面能的减少值 DW 值越大，黏附推动力越大，微气泡与悬浮颗粒容易黏附，易于气浮处理；反之，则相反。

悬浮粒子能够自动与气泡黏附，主要取决于粒子的表面性质。一般的规律是，疏水性粒子容易与气泡黏附，而亲水性粒子则不易与气泡黏附，亲水性越强，黏附就越困难。

可通过投加表面活性剂来改变颗粒的亲（疏）水性。

63. 压力溶气罐的主要作用是什么？常用的溶气方式有哪几种？

答：压力溶气罐的作用是实施水和空气的充分接触，加速空气的溶解。

常用的溶气方式有加压溶气气浮和溶气真空气浮两种。

64. 比较物理吸附和化学吸附的主要区别。

答：物理吸附和化学吸附的主要区别见表 2-1。

表 2-1 物理吸附和化学吸附的主要区别

主要特征	物理吸附	化学吸附
吸附力	分子间力	化学键力
选择性	不明显	很明显

续表 2-1

主要特征	物理吸附	化学吸附
吸附热	较小	较大
吸附速度	速度快且易平衡	速度慢且难以平衡
吸附层	单分子或多分子	只能是单分子
可逆性	可逆	不可逆

65. 何谓吸附带与穿透曲线？吸附带的吸附容量如何利用？

答：吸附带是指正在发生吸附作用的那段填充层。在这段下部的填充层几乎没有发生吸附作用，在其上部的填充层由于已达到饱和状态，所以不再起吸附作用。

当有明显的吸附带时，吸附带随废水的不断流入将缓缓地向下移动。当吸附带下缘移到填充层下端时，从装置中流出的废水中便开始出现吸附质。以后继续通水，出水中吸附质的浓度将迅速增加，直到等于原水的浓度 C_0 时为止。以通水时间 t 或出水量 Q 为横坐标，以出水中吸附质浓度 C 为纵坐标作图所得的曲线称为穿透曲线。

吸附带中吸附容量的利用一般有两个途径，即采用多床串联操作和采用升流式移动床操作。

66. 什么是膜分离法？有哪几种膜分离法，各自有何特点？

答：膜分离法是利用隔膜使溶剂同溶质或微粒分离的方法，主要分离法包括电渗析、渗析、反渗透、超滤、液膜法等，各自的特点见表 2-2。

表 2-2 膜分离法分类及特点

方法	推动力	传递机理	透过物及其大小	截留物
电渗析	电位差	电解质离子 选择性透过	溶解性无机物 0.0004~0.1μm	非电解质大分子物质
反渗透	压力差 2~10MPa	溶剂的扩散	水、溶剂 0.0004~0.06μm	溶质、盐 （SS、大分子、离子）
超滤	压力差 0.1~1.0MPa	筛滤及表面作用	水、盐及低分子 有机物 0.005~10μm	胶体大分子 不溶的有机物
渗析	浓度差	溶质扩散	低分子物质、 离子 0.0004~0.15μm	溶剂、相对分子 质量大于 1000
液膜	化学反应和浓度差	反应促进和扩散	杂质（电解质离子）	溶剂（非电解质）

67. 电渗析的原理是什么？特点有哪些？

答：电渗析是在直流电场的作用下，利用阴、阳离子交换膜对溶液中阴、阳离子的选择透过性（即阳膜只允许阳离子通过，阴膜只允许阴离子通过），而使溶液中的溶质与水分离的一种物理化学过程。

电渗析的特点如下。

（1）电渗析只对电解质的离子起选择性迁移作用，而对非电解质不起作用。

（2）电解质除盐过程没有物相的变化，能耗低。

（3）不需添加任何化学药剂。

（4）电渗析在常温常压下进行。

68. 试简要讨论影响厌氧生物处理的因素。

答：影响厌氧消化的主要因素有：（1）温度，有中温发酵和高温发酵，高温发酵消化时间短，产气量高，杀菌灭卵效果好。（2）pH 值及碱度，厌氧发酵的最佳 pH 值应控制在 6.8~7.2，低于 6 或者高于 8，厌氧效果明显变差，挥发酸的数量直接影响到 pH 值，故反应器内应维持足够的碱度。（3）碳氮比，适宜的碳氮比为 C/N =（10~20）∶1 。（4）有机负荷率，厌氧消化的控制速率是甲烷发酵阶段，因此过高的有机负荷可能导致有机酸的积累而不利于甲烷发酵的进行。（5）搅拌，适当搅拌是必需的，以防止形成渣泥壳和保证消化生物环境条件一致。（6）有毒物质，应控制在最大允许浓度以内。

69. 厌氧生物处理对象是什么？可达到什么目的？

答：厌氧生物处理对象主要为：（1）有机污泥；（2）高浓度有机废水；（3）生物质。通过厌氧处理后；①可达到杀菌灭卵、防蝇除臭的作用；②可去除污泥、废水中大量有机物，防止对水体的污染；③在厌氧发酵的同时可获得可观的生物能—沼气；④通过厌氧发酵，固体量可减少约 1/2，并可提高污泥的脱水性能。

70. 试比较厌氧法与好氧法处理的优缺点。

答：就高浓度有机废水与污泥的稳定处理而言。厌氧处理的主要优势在于：（1）有机废水、污泥被资源化利用（产沼气）；（2）动力消耗低（不需供氧）。存在的不足在于：处理不彻底，出水有机物浓度仍然很高，不能直接排放。相对比较而言，好氧活性污泥法的优缺点则有：（1）对有机物的处理比较彻底，出水可以达标排放；（2）动力消耗大。

71. 请简述两相厌氧工艺的基本特点。

答：两相厌氧工艺主要具有如下特点：（1）有机负荷比单相工艺明显提高；（2）产甲烷相中的产甲烷菌活性得到提高，产气量增加；（3）运行更加稳定，承受冲击负荷的能力较强；（4）当废水中含有 SO_2 等抑制物质时，其对产甲烷菌的影响由于相的分离而减弱；（5）对于复杂有机物（如纤维素等），可以提高其水解反应速率，因而提高了其厌氧消化的效果。

72. 试简述厌氧处理的基本原理。

答：厌氧处理的基本原理是一个复杂的微生物化学过程，依靠三个主要类群的细菌，即水解酸化细菌、产氢产乙酸细菌和产甲烷细菌的联合作用完成。

73. 厌氧反应器的负荷远远大于好氧反应器，为什么？

答：因为厌氧反应器的污泥浓度高，微生物呈集团生长，处理能力强。

74. 说明两级厌氧处理和两相厌氧处理的区别。

答：两级厌氧处理只是两个厌氧反应器的分级处理，每个反应器中都进行产酸产甲烷，而两相厌氧处理是指建造两个单独控制的反应器，分别培养产酸细菌和产甲烷细菌。

75. 阐述厌氧处理系统中，产酸菌与产甲烷菌的相互关系。

答：产酸菌与产甲烷菌的相互关系主要有：（1）产酸菌为产甲烷菌提供生长繁殖的底物；（2）产酸菌为产甲烷菌创造了适宜的氧化还原点位；（3）产酸菌为产甲烷菌清除了有毒物质。

76. 简述生物除磷的原理，常用的生物除磷工艺有哪几种？

答：生物除磷过程的具体表述为以下两个部分：

（1）厌氧释磷：在厌氧条件下，聚磷菌（PAOs）能分解其细胞内的聚磷酸盐产生 ATP（三磷酸腺苷），并从中获得能量，用以将废水中的脂肪酸等小相对分子质量的有机物摄入细胞中，合成贮能物质 PHB（聚 β 羟基 J 酸盐）和糖类等有机颗粒的形式储存于细胞内，同时将分解聚磷酸盐所产生的磷酸排出胞外。

（2）好氧吸磷：在好氧条件下，聚磷菌（PAOs）以游离氧为电子受体，氧化细胞内贮藏的 PHB，并利用该反应所产生的能量，过量地从废水中摄取磷酸盐，合成 ATP（三磷酸腺苷），其中一部分聚合成聚磷酸盐而储存于细胞中。

常用的生物除磷工艺有 AP/O、A^2/O、氧化沟、SBR 等。

77. 简述厌氧-好氧除磷工艺（AP/O 法）的特点及存在的问题。

答：特点：工艺流程简单，不需加药，也不需考虑内循环。反应器停留时间一般是 3~6h，曝气池内污泥浓度在 2700~3000 之间，沉淀污泥含磷约 4%，肥效好。

存在问题：除磷率难以提高，特别是进水 BOD 不高或废水中含磷较高时。沉淀池内易产生释磷现象，因此要及时排泥和回流。

78. 绘图说明 A^2/O 同步脱氮除磷的工艺流程，并说明各反应器的主要功能及该工艺流程存在的主要问题。

答：A^2/O 工艺或称 A-A-O 工艺，在一个处理系统中同时具有厌氧区、缺氧区、好氧区，能够同时做到脱氮、除磷和有机物的降解，其工艺流程如图 2-1 所示。

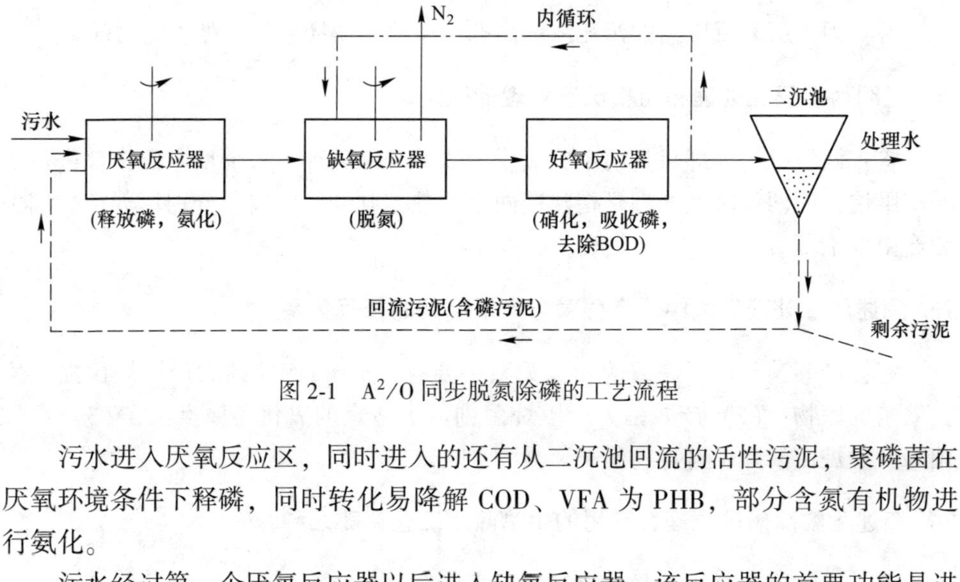

图 2-1　A^2/O 同步脱氮除磷的工艺流程

污水进入厌氧反应区，同时进入的还有从二沉池回流的活性污泥，聚磷菌在厌氧环境条件下释磷，同时转化易降解 COD、VFA 为 PHB，部分含氮有机物进行氨化。

污水经过第一个厌氧反应器以后进入缺氧反应器，该反应器的首要功能是进行脱氮。硝态氮通过混合液内循环由好氧反应器传输过来，通常内回流量为 2~4 倍原污水流量，部分有机物在反硝化菌的作用下利用硝酸盐作为电子受体而得到降解去除。

混合液从缺氧反应区进入好氧反应区，混合波中的 COD 浓度已基本接近排放标准，在好氧反应区除进一步降解有机物外，主要进行氨氮的硝化和磷的吸收，混合液中硝态氮回流至缺氧反应区，污泥中过量吸收的磷通过剩余污泥排除。

A^2/O 工艺的缺点是除磷效果因受到污泥泥龄、回流污泥中夹带的溶解氧和 NO_3^--N 的限制，导致除磷效果难以进一步提高。

79. 污泥处理的一般工艺如何？污泥浓缩的作用是什么？

答：污泥处理的一般工艺为：污泥→浓缩→污泥消化→脱水和干燥→污泥利用。污泥浓缩的作用在于去除污泥中大量的水分，缩小污泥体积，以利于后续处理，减小厌氧消化池的容积，降低消化耗药量和耗热量等。

80. 污泥比阻在污泥脱水中有何意义？如何降低污泥比阻？

答：污泥比阻大，污泥脱水不易，脱水效率低，动力消耗大。降低污泥比阻的方法为污泥预处理，有化学混凝法、淘洗—化学混凝法，它们可以大大降低混凝剂用量。

81. 污泥消化池由哪几部分组成，为何要设置溢流装置？

答：消化池的构造主要包括污泥的投配、排泥及溢流系统，沼气排出、收集与贮气设备，搅拌设备及加温设备等。溢流装置：消化池的投配过量、排泥不及时或沼气与用气量不平衡等情况发生时，沼气室内的沼气受压缩，气压增加甚至可能压破池顶盖。因此，消化池必须设置溢流装置，及时溢流，以保持沼气池压力恒定。溢流装置必须绝对避免集气罩与大气相通。溢流装置常用形式有倒虹式、大气压式及水封式 3 种。

82. 论述消化液的缓冲作用与机理。

答：水解与发酵菌及产氢产乙酸菌对 pH 值的适应范围为 5.0~6.5，而甲烷菌对 pH 值的适应范围为 6.6~7.5，即只允许在中性附近波动。在消化系统中，如果水解发酵阶段与产酸阶段的反应速率超过产甲烷阶段，则 pH 值会降低，影响甲烷菌的生活环境。但是在消化系统中，由于消化液的缓冲作用，在一定范围内可以避免发生这种情况。缓冲剂是在有机物分解过程中产生的，即消化液中的 CO_2 和 NH_3，因此重碳酸盐与碳酸组成缓冲溶液。

83. 机械脱水的方法有哪些？论述机械脱水的基本机理。

答：污泥机械脱水的方法有真空吸滤法、压滤法和离心法等。

污泥机械脱水以过滤介质两面的压力差作为推动力，使污泥水分被强制通过过滤介质，形成滤液；而固体颗粒被截留在介质上，形成滤饼，从而达到脱水的目的。造成压力差的方法有 4 种：（1）依靠污泥本身厚度的静压力；（2）在过滤介质的一面造成负压；（3）加压污泥把水分压过介质；（4）造成离心力。

84. 厌氧消化池搅拌的方法主要有哪些？搅拌的目的是什么？

答： 消化池的搅拌方式有沼气搅拌、泵加水射器搅拌及联合搅拌 3 种。

搅拌的目的是使池内污泥温度与浓度均匀，防止污泥分层或形成浮渣层，缓冲池内碱度，从而提高污泥分解速度。当消化池内各处污泥浓度相差不超过 10% 时，被认为混合均匀。

85. 简述 C/N 对厌氧消化过程的影响。

答： 厌氧消化池中，细菌生长所需营养由污泥提供，合成细胞所需的碳源担负着双重任务，一是作为反应过程的能源，二是合成新细胞。如果 C/N 太高，细胞的氮量不足，消化液的缓冲能力低，pH 值容易降低；C/N 太低，氮量过多，pH 值可能上升，铵盐容易积累，会抑制消化进程。

2.7　计　算　题

1. 某工业区生产废水和生活污水的混合废水的 BOD_5 为 300mg/L（20℃），它的第一阶段生化需氧量是多少？（假定 $k_1 = 0.23d^{-1}$）

解： 第一阶段生化需氧量为碳化生化需氧量或完全生化需氧量 BOD_u：

$$BOD_u = \frac{BOD_5}{1 - 10^{-k_{1(20)} \times 5}} = \frac{300}{1 - 10^{-0.23 \times 5}} = 323\text{mg/L}$$

2. 某废水的 $BOD_{5(20)} = 210$mg/L，试求此废水的 $BOD_{10(20)}$ 以及第一阶段生化需氧量，假定 $k_{1(20)} = 0.17d^{-1}$。假设上述废水改放在 30℃条件下培养测定，试问 5d 的 BOD 应该是每升多少毫克？

解： 第一阶段生化需氧量为碳化生化需氧量或完全生化需氧量 BOD_u：

$$BOD_u = L_0 = \frac{BOD_5}{1 - 10^{-k_{1(20)} \times 5}} = \frac{210}{1 - 10^{-0.17 \times 5}} = 245\text{mg/L}$$

$$OD_{10(20)} = BOD_u[1 - 10^{-k_{1(20)} \times 10}] = 245 \times (1 - 10^{-0.17 \times 10}) = 240\text{mg/L}$$

30℃时的耗氧速率常数 $k_{1(30)}$：

$$k_{1(30)} = k_{1(20)}\theta^{(30-20)} = 0.17 \times 1.047^{10} = 0.27$$

则 30℃时的 BOD_5 为：

$$BOD_{5(30)} = L_0[1 - 10^{-5k_{1(30)}}] = 245 \times (1 - 10^{-5 \times 0.27}) = 234\text{mg/L}$$

3. 一污水厂出水排入某河流，排入口以前河流的流量 $Q=1.2\text{m}^3/\text{s}$，$BOD_5=2.1\text{mg/L}$，$c_{Cl^-}=5.0\text{mg/L}$，$c_N=3.0\text{mg/L}$；污水厂出水的流量 $q=8640\text{m}^3/\text{d}$，$BOD_5=25\text{mg/L}$，$c_{Cl^-}=80\text{mg/L}$，$C_w=10\text{mg/L}$。假定排入口下游不远某点处出水与河水即得到完全混合，求该点处的河水水质。

解：废水流量 $q=8640\text{m}^3/\text{d}=0.1\text{m}^3/\text{s}$，河水流量 $Q=1.2\text{m}^3/\text{s}$

（1）混合后总流量 $0.1+1.2=1.3\text{m}^3/\text{s}$

（2）混合后河水的 BOD_5：

$$BOD_5=\frac{C_w q+C_R\alpha Q}{q+\alpha Q}=\frac{25\times0.1+2.1\times1\times1.2}{1.2+0.1}=3.86\text{mg/L}$$

（3）混合后河水的 Cl^-浓度为

$$c_{Cl^-}=\frac{C_w q+C_R\alpha Q}{q+\alpha Q}=\frac{80\times0.1+5.0\times1\times1.2}{1.2+0.1}=10.77\text{mg/L}$$

（4）混合后河水的 N 浓度为

$$c_{NO_3^-}=\frac{C_w q+C_R\alpha Q}{q+\alpha Q}=\frac{10\times0.1+3\times1\times1.2}{1.2+0.1}=3.54\text{mg/L}$$

4. 某生活污水经沉淀处理后的出水排入附近河流，各项参数见表 2-3，试求：（1）1d 后河流中的溶解氧量；（2）最低溶解氧、临界亏氧量及其发生的时间。

表 2-3 某生活污水经沉淀处理后的出水排入附近河流的各项参数

参数	污水厂出水	河水
流量/$\text{m}^3\cdot\text{s}^{-1}$	0.2	5.0
DO/$\text{mg}\cdot\text{L}^{-1}$	1.0	8.0
水温/℃	15	20
BOD_5/$\text{mg}\cdot\text{L}^{-1}$	100	2.0

注：1. $k_{1(20)}=0.2\text{d}^{-1}$，$k_{2(20)}=0.3\text{d}^{-1}$；

2. 19.8℃下饱和溶解氧为 9.14mg/L。

解：（1）废水与河水混合后各水质参数

①总流量： $Q=5.2\text{m}^3/\text{s}$

②水温：

$$t=\frac{C_w q+C_R Q}{q+Q}=\frac{15\times0.2+20\times5}{5.2}=19.8℃$$

③BOD_5：

$$BOD_5=\frac{C_w q+C_R Q}{q+Q}=\frac{100\times0.2+2.0\times5}{5.2}=5.77\text{mg/L}$$

$$\mathrm{BOD}_u = L_0 = \mathrm{BOD}_5/(1 - 10^{k_4 \times 5}) = 6.41\mathrm{mg/L}$$

④DO：

$$\mathrm{DO}_{\max} = \frac{C_w q + C_R Q}{q + Q} = \frac{1 \times 0.2 + 8 \times 5}{5.2} = 7.73\mathrm{mg/L}$$

（2）对 k_1、k_2 作温度校正

$$k_{1(19.8)} = k_{1(20)} 1.047^{(19.8-20)} = 0.20 \times 0.9909 = 0.198\mathrm{d}^{-1}$$

$$k_{2(19.8)} = k_{2(20)} 1.047^{(19.8-20)} = 0.3 \times 0.9909 = 0.297\mathrm{d}^{-1}$$

（3）混合点亏氧量（已知 19.8℃时清洁水的饱和溶解氧为 9.14mg/L）

$$\mathrm{DO} = 9.14 - 7.73 = 1.41\mathrm{mg/L}$$

（4）1 天后河流的亏氧量

$$D_t = \frac{k_1 L_0}{k_2 - k_1}(10^{-k_1 t} - 10^{-k_2 t}) + D_0 \times 10^{-k_2 t}$$

$$= \frac{0.198 \times 6.41}{0.297 - 0.198}(10^{-0.198\times1} - 10^{-0.297\times1}) + 1.41 \times 10^{-0.297\times1}$$

$$= 2.30\mathrm{mg/L}$$

此时的溶解氧：

$$\mathrm{DO} = 9.14 - 2.30 = 6.84\mathrm{mg/L}$$

（5）确定临界亏氧量及其发生的时间

①亏氧量发生的时间为：

$$t_c = \frac{1}{k_2 - k_1}\lg\left\{\frac{k_2}{k_1}\left[1 - \frac{D_0(k_2 - k_1)}{k_1 L_0}\right]\right\}$$

$$= \frac{1}{0.297 - 0.198}\lg\left\{\frac{0.297}{0.198}\left[1 - \frac{1.41 \times (0.297 - 0.198)}{0.198 \times 6.41}\right]\right\}$$

$$= 1.27(\mathrm{d})$$

②临界亏氧量为：

$$D_c = \frac{k_1}{k_2} L_0 \times 10^{-k_1 t_c} = \frac{0.198}{0.297} \times 6.41 \times 10^{-0.198\times1.27} = 2.4\mathrm{mg/L}$$

此时的溶解氧最低为：

$$9.14-2.40=6.74\mathrm{mmg/L}$$

5. 一废水流量 $q=0.15\mathrm{m}^3/\mathrm{s}$，钠离子浓度 $\rho_1=2500\mathrm{mg/L}$，今排入某河流。排入口上游处河水流量 $Q=20\mathrm{m}^3/\mathrm{s}$，流速 $v=0.3\mathrm{m/s}$，钠离子浓度 $\rho_0=12\mathrm{mg/L}$。求河流下游 B 点处的钠离子浓度。

解：混合后总流量为：0.15+20=20.15m^3/s

混合后河水的钠离子浓度：

$$C = \frac{C_w q + C_R \alpha Q}{q + \alpha Q} = \frac{2500 \times 0.15 + 12 \times 1 \times 20}{20.15} = 30.52\text{mg/L}$$

6. 一城市污水处理厂出水流量为 $q = 20000\text{m}^3/\text{d}$，$BOD_5 = 30\text{mg/L}$，$DO = 2\text{mg/L}$，水温 20℃，$k_1 = 0.17\text{d}^{-1}$。将此出水排入某河流，排放口上游处河水流量为 $Q = 0.65\text{m}^3/\text{s}$，$BOD_5 = 5.0\text{mg/L}$，$DO = 7.5\text{mg/L}$，水温 23℃，混合后水流速度 $v = 0.5\text{m/s}$，k_2 可取 0.25d^{-1}。试求混合后溶解氧最低值及其发生在距排放口多远处？

解：（1）废水与河水混合后各水质参数

①总流量 $Q = 20000/24/3600 + 0.65 = 0.88\text{m}^3/\text{s}$

②水温为：

$$t = \frac{C_w q + C_R Q}{q + Q} = \frac{20 \times 0.23 + 23 \times 0.65}{0.88} = 22.21℃$$

③BOD_5：

$$BOD_5 = \frac{C_w q + C_R Q}{q + Q} = \frac{30 \times 0.23 + 5.0 \times 0.65}{0.88} = 11.53\text{mg/L}$$

$$BOD_u = L_0 = BOD_5/(1 - 10^{k_1 \times 5}) = 13.47\text{mg/L}$$

④DO

$$DO_{max} = \frac{C_w q + C_R Q}{q + Q} = \frac{2 \times 0.23 + 7.5 \times 0.65}{0.88} = 6.06\text{mg/L}$$

（2）对 k_1、k_2 作温度校正

$$k_{1(22.21)} = k_{1(20)} 1.047^{(22.21-20)} = 0.17 \times 1.047^{(22.21-20)} = 0.19\text{d}^{-1}$$

$$k_2 = 0.25\text{d}^{-1}$$

（3）混合点亏氧量（已知 19.8℃时清洁水的饱和溶解氧为 9.14mg/L）

$$DO = 8.79 - 6.06 = 2.73\text{mg/L}$$

（4）确定临界亏氧量及其发生的时间

①临界亏氧量发生的时间为：

$$t_c = \frac{1}{k_2 - k_1} \lg\left\{\frac{k_2}{k_1}\left[1 - \frac{D_0(k_2 - k_1)}{k_1 L_0}\right]\right\}$$

$$= \frac{1}{0.25 - 0.19} \lg\left\{\frac{0.25}{0.19}\left[1 - \frac{2.73 \times (0.25 - 0.19)}{0.19 \times 13.47}\right]\right\}$$

$$= 1.51\text{d}$$

②临界亏氧量为：

$$D_c = \frac{k_1}{k_2}L_0 \times 10^{-k_1 t_c} = \frac{0.24}{0.35} \times 66.53 \times 10^{-0.24 \times 1.38} = 21.28\text{mg/L}$$

此时的溶解氧最低，即：8.79−5.29＝3.50mg/L

（5）最低溶氧量发生地距排放口下游距离：

$$0.5 \times 3600 \times 24 \times 1.51 = 65232\text{m}$$

7. 一奶制品工厂废水欲排入某河流，各项参数见表 2-4。问：如果废水不做任何处理，排入河流后，最低溶解氧量是多少？如果该河流规定为Ⅲ类水体，要求溶解最低值不得低于 5.0mg/L，工厂应该将废水的 $BOD_{5(20)}$ 处理到不超过多少浓度时才能排放？

表 2-4　奶制品工厂废水排入某河流的各项参数

参数	废水	河水
流量/$m^3 \cdot d^{-1}$	1000	19000
水温/℃	50	10
DO/$mg \cdot L^{-1}$	0	7.0
$BOD_{5(20)}$/$mg \cdot L^{-1}$	1250	3.0
$k_{1(20)}$/d^{-1}	0.35	—
$k_{2(20)}$/d^{-1}	—	0.5

解：（1）废水与河水混合后各水质参数

①总流量　　　　$Q = 1000+19000 = 20000\text{m}^3/\text{d}$

②水温为：

$$t = \frac{C_w q + C_R Q}{q + Q} = \frac{50 \times 1000 + 10 \times 19000}{20000} = 12℃$$

③BOD_5：

$$BOD_5 = \frac{C_w q + C_R Q}{q + Q} = \frac{1250 \times 1000 + 3.0 \times 19000}{20000} = 65.35\text{mg/L}$$

$$BOD_u = L_0 = BOD_5/(1 - 10^{-k_1 \times 5}) = 66.53\text{mg/L}$$

④DO

$$DO_{max} = \frac{C_w q + C_R Q}{q + Q} = \frac{0 \times 1000 + 7.0 \times 19000}{20000} = 6.65\text{mg/L}$$

（2）对 k_1、k_2 作温度校正

$$k_{1(12)} = k_{1(20)}1.047^{(12-20)} = 0.35 \times 1.047^{(12-20)} = 0.24\text{d}^{-1}$$

$$k_{2(12)} = k_{2(20)}1.047^{(12-20)} = 0.5 \times 1.047^{(12-20)} = 0.35\text{d}^{-1}$$

（3）混合点亏氧量（已知12℃时清洁水的饱和溶解氧为10.86mg/L）

$$DO = 10.86 - 6.65 = 4.21\text{mg/L}$$

（4）确定临界亏氧量及其发生的时间

①临界亏氧量发生的时间为：

$$t_c = \frac{1}{k_2 - k_1}\lg\left\{\frac{k_2}{k_1}\left[1 - \frac{D_0(k_2 - k_1)}{k_1 L_0}\right]\right\}$$

$$= \frac{1}{0.35 - 0.24}\lg\left\{\frac{0.35}{0.24}\left[1 - \frac{4.21 \times (0.35 - 0.24)}{0.24 \times 66.53}\right]\right\}$$

$$= 1.38\text{d}$$

②临界亏氧量为：

$$D_c = \frac{k_1}{k_2}L_0 \times 10^{-k_1 t_c} = \frac{0.24}{0.35} \times 66.53 \times 10^{-0.24\times1.38} = 21.61\text{mg/L}$$

此时的溶解氧最低为：10.86−21.61<0

以上计算结果说明，若不经处理排入河内，最低溶氧量为0。若要使最低溶氧量为5mg/L，可反向计算，得到结果，最高亏氧量为：

$$10.86 - 5 = 5.86\text{mg/L}$$

将5.86mg/L代入(4)中②式，得到 $t_c = 0.91\text{d}$

再代入(4)中①式得到 $L_0 = BOD_u = 13.90\text{mg/L}$

将上结果代入(1)中③式得到 $BOD_5 = 216\text{mg/L}$

由此可知，应将废水处理至 $BOD_5 < 216\text{mg/L}$，处理程度为：

$$1 - 216/1250 = 82.7\%$$

8. 非凝聚性悬浮颗粒（自由沉降）在静置条件下的沉降数据见表2-5。试确定理想平流式沉淀池沉淀速度为0.03m/min的悬浮颗粒去除百分率。试验用的沉淀柱取样口离水面120cm和240cm。*C*表示在时间*t*时由各个取样口取出的水样中所含的悬浮物浓度，C_0表示初始的悬浮物浓度。

表2-5 非凝聚性悬浮颗粒（自由沉降）在静置条件下的沉降数据

时间 t/min	0	15	30	45	60	90	180
120cm处 C/C_0	1	0.96	0.81	0.62	0.46	0.23	0.06
240cm处 C/C_0	1	0.99	0.97	0.93	0.86	0.70	0.32

解：根据题目可得到各时间点对应的沉降速度见表2-6。

表 2-6　各时间点对应的沉降速度

时间 t/mim	15	30	45	60	90	180
1.2m 时残余颗粒/%	0.96	0.81	0.62	0.46	0.23	0.06
1.2m 时沉降速度/$m \cdot min^{-1}$	0.08	0.04	0.0267	0.02	0.013	0.0067
2.4m 时残余颗粒/%	0.99	0.97	0.93	0.86	0.70	0.32
2.4m 时沉降速度/$m \cdot min^{-1}$	0.16	0.08	0.053	0.04	0.0267	0.013

分别以沉降速度与沉淀深度 H 为横坐标和纵坐标，作图如图 2-2 所示。

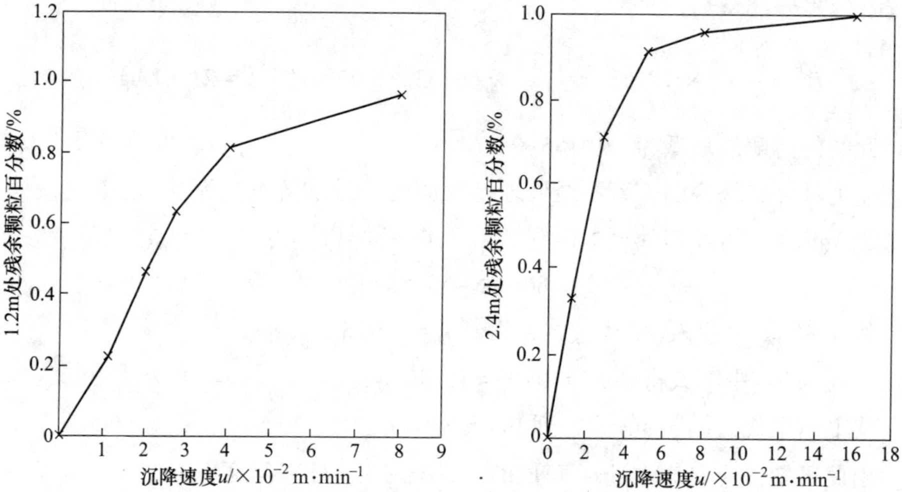

图 2-2　沉降速度与沉淀深度的关系

1.2m 处对应的沉淀效率为 67%，将 0~67%分为 7 组，见表 2-7 中计算对应的 $x_{1.2}$、$u_{1.2}$。

表 2-7　1.2m 处的结果

$\Delta x_{1.2}$/%	10	10	10	10	10	10	7
$u_{1.2}$	0.027	0.023	0.019	0.016	0.013	0.010	0.004
$\Delta x_{1.2}u_{1.2}$/%	0.27	0.23	0.19	0.16	0.13	0.1	0.028

$$\sum x_{1.2}u_{1.2} = 1.11\%$$

所以沉淀深度为 1.2m 时，总的悬浮物去除效率为

$$\eta = (1 - 0.67) + \frac{0.0111}{0.03} = 0.33 + 0.37 = 70\%$$

同理可得沉淀深度为 2.4m 时的情况见表 2-8。

表 2-8 2.4m 处的结果

$\Delta x_{2.4}/\%$	10	10	10	10	10	10	4
$u_{2.4}$	0.026	0.022	0.0185	0.016	0.012	0.008	0.001
$\Delta x_{2.4}u_{2.4}/\%$	0.26	0.22	0.185	0.16	0.12	0.08	0.004

$$\sum x_{2.4}u_{2.4} = 1.07\%$$

$$\eta = \left[(1 - 0.74) + \frac{0.0107}{0.03}\right] \times 100\% = (0.26 + 0.356) \times 100\% = 62\%$$

9. 某城市污水厂，污水平均流量 $Q=0.5\text{m}^3/\text{s}$，总变化系数 $K_z=1.38$，试设计一曝气沉砂池。

解：（1）总有效容积 V（设停留时间 $t=3\text{min}$）

$$V = 60q_{\max}t = 60 \times 0.5 \times 1.38 \times 3 = 124\text{m}^3$$

为便于工作，取池数 $n=2$，则每个池子容积为：$124/2=62\text{m}^3$

（2）池断面积 A。设最大设计流量时的水平流速为 0.1m/s

$$A = \frac{q_{\max}}{v} = \frac{0.69}{0.1} = 6.9\text{m}^2$$

（3）池总宽度 B（设有效水深 $h_2=2.3\text{m}$）

$$B = A/h_2 = 3\text{m}$$

（4）池长 L

$$L = V/A = V/(BH) = 62/(3 \times 2.3) = 8.9\text{m}$$

（5）池子总深 H。取水面上保护高度 $h_1=0.5\text{m}$，取沉砂坑深 $h_3=0.9\text{m}$，则

$$H=h_1+h_2+h_3=0.5+2.3+0.9=3.7\text{m}$$

（6）所需曝气量 G。取 1m^3 污水供气 0.2m^3，则最大供气量

$$G = 3600Dq_{\max} = 3600 \times 0.2 \times 0.69 = 496.8\text{m}^3/\text{h}$$

（7）沉砂及浮渣量。设沉砂及浮渣产量率 $W_1=20\text{m}^3/106\text{m}^3$ 污水，则沉砂及浮渣产量为

$$W = \frac{Q_{\max}W_1 86400}{K_z 10^6} = \frac{20 \times 0.5 \times 86400}{10^6} = 0.86\text{m}^3/\text{d}$$

10. 某居民区设计人口 $N=50000$ 人，污水量最大设计流量 $Q_{\max}=0.2\text{m}^3/\text{s}$，拟建以链带式刮泥的平流式沉淀池，沉淀时间 T 取为 1.5h。试设计此平流式沉淀池。

解：（1）沉淀池的表面积 A

$$A = \frac{q_{max} \times 86400}{q} = \frac{0.2 \times 86400}{48} = 360m^2$$

（2）沉淀区有效水深 h_2

$$h_2 = qt = (48/24) \times 1.5 = 3.0m$$

（3）沉淀区有效容积 V_1

$$V_1 = q_{max} \times t \times 3600 = 0.2 \times 1.5 \times 3600 = 1080m^3$$

（4）沉淀池长度 L。设水平流速 v=4.5mm/s（≤5mm/s），则

$$L = vt \times 3600/1000 = 4.5 \times 1.5 \times 3600/1000 = 24m$$

（5）沉淀池的总宽度 b

$$b = A/L = 360/24 = 15m$$

（6）沉淀池的只数 n(设每只沉淀池的宽度 $b' = 3.75$)：$n = b/b' = 15/3.75 = 4$

（7）校核尺寸比例：

长宽比 $L/b'=24/3.75=6.4 \geqslant 4$（符合要求）

长深比 $L/h_2=24/3=8$（在8~12间，符合要求）

（8）污泥区的容积。设污泥清除间隔天数 T=2d，取人均干污泥量为25克/(人·天)，取污泥含水率95%，由此换算成湿污泥量

$$S = 25 \times 100/[(100 - 95) \times 1000]$$

$$= 0.5 \text{升}/(\text{人}\cdot\text{天})[\text{一般为}0.3 \sim 0.8\text{升}/(\text{人}\cdot\text{天})]$$

$$V = \frac{SNT}{1000} = \frac{0.5 \times 50000 \times 2}{1000} = 50m^3$$

（9）每池污泥量 V_1

$$V_1 = V/n = 50/4 = 12.5m^3$$

（10）污泥斗尺寸及其容积 V'。泥斗倾角采用60°，泥斗斗底尺寸为500mm×500mm，上口为3750mm×3750mm。

泥斗高度　　$h''_4 = (3.75 - 0.5)\tan60°/2 = 2.8m$

其容积　　$V' = \frac{1}{3}h''_4(S_1 + S_2 + \sqrt{S_1 S_2})$

$$= \frac{1}{3} \times 2.8 \times (3.75^2 + 0.5^2 + \sqrt{3.75^2 \times 0.5^2}) = 15.1m^3$$

污泥斗以上及池底部分污泥体积 V''

$$V'' = \frac{l_1 + l_2}{2}h'_4 b'$$

式中　　$l_1 = 24+0.5+0.3=24.8m$

$$l_2=3.75=(24+0.3+0.5-3.75)\times0.01=0.2\text{m}$$

泥斗与池底实有存泥容积 $V_{总}$

$$V_{总}=V'+V''=15.1+10.7=35.8\text{m}^3>12.5\text{m}^3$$

池子总高度

取沉淀池超高 $h_1=0.3\text{m}$，缓冲层高度 $h_3=0.5\text{m}$

污泥层高 $h_4=h'_4+h''_4=0.2+2.8=3.0\text{m}$

11. 某市污水处理厂最大设计污水量 $q_{max}=0.3\text{m}^3/\text{s}$，总变化系数 $K_z=1.45$，设栅前水深 $h=0.4\text{m}$，污水流经格栅的速度 $v=0.9\text{m/s}$，栅条间距 $d=0.024\text{m}$，格栅倾角 $\alpha=60°$，栅条宽度 $s=0.01\text{m}$。栅渣量 $W_1=0.06\text{m}^3/10\text{m}^3$ 污水，试根据上述条件，设计此格栅。

解：(1) 格栅的间隙数 n

$$n=\frac{q_{max}\sqrt{\sin\alpha}}{dhv}=\frac{0.3\times\sqrt{\sin60°}}{0.024\times0.4\times0.9}\approx30$$

(2) 栅槽宽度 b

$$\begin{aligned}b&=s(n-1)+dn\\&=0.01\times(30-1)+0.024\times30\\&=1.01\text{m}\end{aligned}$$

(3) 通过格栅的水头损失

$$h_2=kh_0$$

$$\begin{aligned}h_2&=\xi\frac{v^2}{2g}\sin\alpha\times k=k\beta\left(\frac{s}{d}\right)^{\frac{4}{3}}\frac{v^2}{2g}\sin a\\&=3\times2.42\times\left(\frac{0.01}{0.024}\right)^{\frac{4}{3}}\times\frac{0.9^2}{19.6}\times\sin60°\\&=0.081\text{m}\end{aligned}$$

(4) 栅后槽总高度 $h_{总}$

$$h_{总}=h+h_1+h_2=0.4+0.081+0.3\approx0.8\text{m}$$

(5) 进水渠道渐宽部位的长度 L_1

$$L_1=\frac{b-b_1}{2\tan\alpha_1}=\frac{1.01-0.65}{2\tan20°}\approx0.5\text{m}$$

(6) 格栅槽与出水渠道连接处的渐窄部位的长度 L_2

$$L_2=0.5L_1=0.25\text{m}$$

(7) 格栅的总建筑长度 L

$$L = L_1 + L_2 + 1.0 + 0.5 + H_1/\tan\alpha$$
$$= 0.5 + 0.25 + 0.5 + 1.0 + (0.4 + 0.3)/1.75$$
$$= 2.65\text{m}$$

(8) 每日栅渣产量 W

$$W = \frac{q_{\max} W_1 \times 86400}{K_z \times 1000}$$
$$= \frac{0.3 \times 0.06 \times 86400}{1.45 \times 1000}$$
$$= 1.07\text{m}^3/\text{d} > 0.2\text{m}^3/\text{d}$$

宜采用机械清渣。

12. 某废水中的悬浮物质浓度不高，且均为离散颗粒，在一有效水深 H 为 1.8m 的沉淀柱内作沉淀试验，结果见表 2-9。试求此废水在一负荷为 $25\text{m}^3/(\text{m}^2 \cdot \text{d})$ 的沉淀设备内悬浮物质的理论总沉降去除率。

表 2-9 试验结果

时间 t/min	0	60	80	100	130	200	240	420
取样浓度 $C/\text{mg} \cdot \text{L}^{-1}$	300	189	180	168	56	111	78	27

解：(1) 计算各沉降时间下，水中残余颗粒所占百分数与相应沉降速度见表 2-10。

表 2-10 各沉降时间下的水中残余颗粒所占百分数与相应沉降速度

时间 t/min	60	80	100	130	200	240	420
残余颗粒百分数 C/C_2/%	63	60	56	52	37	26	9
沉降速度 $u-\frac{H}{t}/\text{m} \cdot \text{min}^{-1}$	0.03	0.025	0.02	0.0155	0.01	0.0083	0.0048

(2) 画残余颗粒百分数与沉降速度间的关系曲线，如图 2-3 所示。

(3) 计算指定的颗粒沉速（见表 2-11）：$u_0 = 25\text{m}^3/(\text{m}^2 \cdot \text{d}) = 0.0174\text{m/min}$。由图 2-3 查得，小于指定沉速 u_0 的颗粒与全部颗粒的比值 $x_0 = 54\%$。

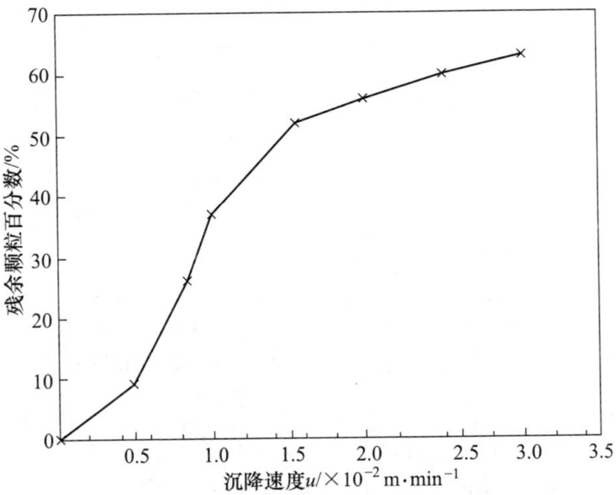

图 2-3 残余颗粒百分数与沉降速度的关系

表 2-11 指定沉速的颗粒与全部颗粒的比值关系

$\Delta x/\%$	6	6	10	10	10	6	6
u_t	0.015	0.0122	0.01	0.0085	0.0070	0.0048	0.0016
$u_t\Delta x/\%$	0.09	0.07	0.10	0.09	0.07	0.03	0.01

（4）公式中的积分部分 $\int_0^{x_0} u\mathrm{d}x$ 可由图 2-3 求出，相当于各矩形面积 $u\Delta x$ 之和

去除率：

$$\begin{aligned}\eta &= \left[(100 - x_0) + \frac{100}{u_0}\int_0^{x_0} u_t \mathrm{d}x\right] \div 100 \times 100\% \\ &= \left[(100 - x_0) + \frac{100}{u_0}\sum u_t\Delta x\right] \div 100 \times 100\% \\ &= \left[(100 - 54) + \frac{100 \times 0.0046}{0.0174}\right] \div 100 \times 100\% \\ &= 72\%\end{aligned}$$

13. 某城市污水处理厂最大设计污水量为 $0.3\mathrm{m}^3/\mathrm{s}$，最小设计污水量为 $0.15\mathrm{m}^3/\mathrm{s}$，总变化系数 $K_z=1.45$，试设计一平流式沉砂池。

解：（1）沉砂池水流部分的长度为 L（即两闸板之间的距离），取水平流速为 0.3m/s，停留时间为 30s，则池长 $L=vt=0.3\times30=9.0\mathrm{m}$

（2）水流断面面积 A

$$A = q_{max}/v = 0.3/0.3 = 1.0\mathrm{m}^2$$

（3）池总宽度 b，设有效水深 $h_2=0.8$m

$$b = A/h_2 = 1.0/0.8 = 1.25\text{m}$$

（4）沉砂斗容积 V。设城市污水沉砂量 $X=30\text{m}^3/106\text{m}^3$(污水)，排砂时间的间隔 $T=2$d

$$V = \frac{q_{\max} XT \times 86400}{10^6 K_z}$$
$$= \frac{0.3 \times 30 \times 2 \times 86400}{10^6 \times 1.45} = 1.07\text{m}^3$$

（5）每个沉砂斗的容积 V_0。设每个分格内有两个沉砂斗，则

$$V_0 = \frac{V}{n \times 2} - \frac{1.07}{2 \times 2} = 0.27\text{m}^3$$

（6）贮砂斗各部分尺寸计算。设斗底宽度 $b_1=0.5$m，斗壁与水平面的倾角为 60°，贮砂斗高度 $h_3'=0.48$m，则贮砂斗上口宽度为：

$$b_2 = \frac{2h_3'}{\tan 60°} + b_1 = \frac{2 \times 0.48}{\tan 60} + 0.5 = 1.05\text{m}$$

贮砂斗的容积 V_1：

$$V_1 = \frac{1}{3}h_3'(S_1 + S_2 + \sqrt{S_1 S_2}) = \frac{1}{3}h_3'(b_2^2 + b_2 b_1 + b_1^2)$$
$$= \frac{0.48}{3}(1.05^2 + 1.05 \times 0.5 + 0.5^2)$$
$$= 0.30\text{m}^3$$

因 $V_1>0.27\text{m}^3$，故容积够用。

（7）贮砂斗的高度 h_3。设采用重力排砂，池底坡度 $i=0.06$，坡向砂斗，则

$$h_3 = h_3' + 0.06 l_2 = h_3' + 0.06(L - 2b_2 - b)/2$$
$$= 0.48 + 0.06 \times (9 - 2 \times 1.05 - 0.2)/2$$
$$= 0.68\text{m}$$

（8）池总高度 h。设超高 $h_1=0.3$m

$$h = h_1 + h_2 + h_3 = 0.3 + 0.8 + 0.68 = 1.78\text{m}$$

（9）核算最小流速 $v_{\min}$

$$v_{\min} = q_{\min}/(n_1 A_{\min}) = q_{\min}/(0.6 \times h_2) = 0.15/(0.6 \times 0.8)$$
$$= 0.31\text{m/s} > 0.15\text{m/s} \quad \text{符合要求}$$

14. 某城市污水处理厂最大设计污水量为 $0.3\text{m}^3/\text{s}$，最小设计污水量为 $0.18\text{m}^3/\text{s}$，总变化系数 $K_z=1.5$，试设计一竖流式沉砂池。

解：（1）中心管直径 d

$$d = \sqrt{\frac{4q_{\max}}{\pi v_1}} = \sqrt{\frac{4 \times 0.09}{3.14 \times 0.3}} = 0.62\text{m}$$

设池数 $n=2$，则每池最大设计流量 $q_{\max}=0.18/2=0.09\text{m}^3/\text{s}$；中心管内流速 $V_1=0.3\text{m}^3/\text{s}$。

（2）池子直径 D。取池内水流上升速度 $v_2=0.05\text{m}^3/\text{s}$，则池直径

$$D = \sqrt{\frac{4q_{\max}(v_1+v_2)}{\pi v_1 v_2}} = \sqrt{\frac{4 \times 0.09 \times (0.3+0.05)}{3.14 \times 0.3 \times 0.05}} = 1.64\text{m}$$

（3）水流部分高度 h_2。取污水在池内流行时间 $T=30\text{s}$，则水流部分高度 $h_2=v_2T=0.05\times30=1.5\text{m}$。

（4）沉砂量 V。设沉砂量 $W_1=30\text{m}^3/106\text{m}^3$ 污水，沉砂的清除时间间隔 $T_g=2d$，则总沉砂量

$$V = \frac{86400Q_{\max}W_1T_g}{10^6K_z} = \frac{0.18 \times 30 \times 2 \times 86400}{1.5 \times 10^6} = 0.62\text{m}^3$$

每个沉砂斗的沉砂量 $V_0 = V/n = 0.62/2 = 0.31\text{m}^3$。

（5）沉砂斗高度 h_4。沉砂斗底直径 d' 一般取 0.5m，斗壁倾角 α 一般为55°~60°，今取 55°，则

$$h_4 = \left(\frac{D-d'}{2}\right)\tan\alpha = \left(\frac{1.64-0.5}{2}\right)\tan 55° = 0.81\text{m}$$

（6）沉砂池下部圆截锥部分实有容积 V_1

$$V_1 = \frac{\pi h_4}{3}(R^2 - Rr + r^2) = \frac{\pi \times 0.81}{3} \times \left[\left(\frac{1.64}{2}\right)^2 + \left(\frac{1.64}{2}\right) \times \left(\frac{0.5}{2}\right) + \left(\frac{0.5}{2}\right)^2\right]$$

$$= 0.80\text{m}^3 > 0.31\text{m}^3$$

可见 $V_1>V_0$，沉砂斗足以容纳沉砂量。

（7）沉砂池总高度 H。中心管喇叭口至沉砂面之间的缓冲层高度一般取 $h_3=0.25\text{m}$，今斗容积有空余，可起缓冲作用而不另加缓冲层高度即 $h_0=0$，取保护层高度 $h_1=0.3\text{m}$，则总高度：$H=h_1+h_2+h_3+h_4=0.3+1.5+0+0.81=2.61\text{m}$。

15. 某城市设计人口 $N=60000$ 人，设计最大污水量 $Q_{\max}=0.13\text{m}^3/\text{s}$。设计一竖流式沉淀池。

解：（1）中心管面积 A_0 及直径 d_0。设中心管内流速 $v_0=0.03\text{m/s}$，采用池数 $n=4$，则每池最大设计流量

$$q_{\max} = \frac{Q_{\max}}{n} = \frac{0.13}{4} = 0.0325\text{m}^3/\text{s}$$

$$A_0 = \frac{q_{\max}}{v_c} = \frac{0.0325}{0.03} = 1.08\text{m}^2$$

$$d_0=\sqrt{\frac{4A_0}{\pi}}=\sqrt{\frac{4\times 1.08}{\pi}}=1.17\text{m}$$

（2）沉淀部分有效断面积 A。设表面负荷 $q'=2.52\text{m}^3/(\text{m}^2\cdot\text{h})$，则上升流速 $u=2.52\text{m/h}=0.0007\text{m/s}$。

$$A=\frac{q_{\max}}{u}=\frac{0.0325}{0.0007}=46.43\text{m}^2$$

（3）沉淀池直径 D

$$D=\sqrt{\frac{4(A+A_0)}{\pi}}=\sqrt{\frac{4(46.43+1.08)}{\pi}}=7.8\text{m}<8\text{m}$$

（4）沉淀池有效水深 h_2（设沉淀时间 $T=1.5\text{h}$）

$$h_2=uT\times 3600=0.0007\times 1.5\times 3600=3.78\text{m}$$

（5）校核池径水深比

$$\frac{D}{h_2}=\frac{7.8}{3.78}=2.06<3 \qquad \text{符合要求}$$

（6）校核集水槽每米出水堰的过水负荷 q_0

$$q_0=\frac{q_{\max}}{\pi D}=\frac{0.0325}{\pi\times 7.8}\times 1000=1.33\text{L/s}<2.9\text{L/s}$$

可见符合要求，可不另设辐射式集水槽。

（7）污泥体积。设污泥清除间隔时间 $T_g=2\text{d}$，每人每日产生的湿污泥量 $W=0.5\text{L}$，则

$$V=\frac{WNT_g}{1000}=\frac{0.5\times 60000\times 2}{1000}=60\text{m}^3$$

（8）每池污泥体积 V_1

$$V_1=\frac{V}{n}=\frac{60}{4}=15\text{m}^3$$

（9）池子圆截锥部分实有容积 V_2。设圆截锥底部直径为 $d'=0.4\text{m}$，截锥高度为 h_5，截锥侧壁倾角 $\alpha=55°$，则

$$V_2=\frac{\pi h_5}{3}(R^2+r^2+Rr)=\frac{\pi\times 5.28}{3}(3.9^2+0.2^2+3.9\times 0.2)$$
$$=88.63\text{m}^3>15\text{m}^3$$

可见池内足够容纳 2 日的污泥量。

（10）中心管喇叭口下缘至反射板的垂直距离 h_3

$$h_5=\left(\frac{D}{2}-\frac{d'}{2}\right)\tan\alpha=\left(\frac{7.8}{2}-\frac{0.4}{2}\right)\tan 55°=5.28\text{m}$$

设流过该缝隙的污水流速 $v_1=0.02\text{m/s}$，喇叭口直径

$$d_1 = 1.35d_0 = 1.35 \times 1.17 = 1.58\text{m}$$

则
$$h_3 = \frac{q_{\max}}{v_1 \pi d_1} = \frac{0.0325}{0.02 \times \pi \times 1.58} = 0.33\text{m}$$

沉淀池总高度 H。设池子保护高度 $h_1 = 0.3$，缓冲层高 $h_4 = 0$（因泥面很低），则

$$H = h_1 + h_2 + h_3 + h_4 + h_5$$
$$= 0.3 + 3.78 + 0.33 + 0 + 5.28 \approx 10\text{m}$$

16. 一个城市小型水处理厂以 MgO 为药剂处理水量为 1.56×10^7L/d 的生活污水，使污水中所含磷、氮化合物通过化学沉淀反应一并去除，若按污水中含 30mg/L $H_2PO_4^-$作化学计量计算，则每天产渣量多少？

沉淀反应方程为：

$$H_2PO_4^- + 2NH_4^+ + MgO + 5H_2O \longrightarrow Mg(NH_4)_2PO_4 \cdot 6H_2O$$

解：废水中每天需沉淀的酸量为：30mg/L×1.56×107L/d=468kg/d

沉淀反应方程为：

$$H_2PO_4^- + 2NH_4^+ + MgO + 5H_2O \longrightarrow Mg(NH_4)_2PO_4 \cdot 6H_2O$$

则理论上产生的沉渣量为：

$$468 \times \frac{24 + 18 \times 2 - 31 + 16 \times 4 + 18 \times 6}{2 + 31 + 16 \times 4} = 1269\text{kg/d}$$

17. 某工厂甲车间排除碱性废水量为 $12\text{m}^3/\text{h}$，含 1.2%氢氧化钠，乙车间产生含硫酸浓度 1.2%的酸性废水 $15\text{m}^3/\text{h}$，若两股酸、碱废水混合后，废水中酸、碱完全反应，则中和后废水的 pH 值是多少？

解：硫酸摩尔浓度为：

$$1000 \times 1.2\%/98 = 0.122\text{mmol/L}$$

氢氧化钠摩尔浓度为：

$$1000 \times 1.2\%/40 = 0.3\text{mmol/L}$$

每小时排出的废水中酸碱总量分别是：

硫酸中氢离子总量：

$$0.122 \times 15 \times 2 \times 1000 = 3660\text{mol/h}$$

氢氧化钠中氢氧根离子总量：

$$0.3 \times 12 \times 2 \times 1000 = 3600\text{mol/h}$$

酸过量，混合后氢离子浓度为：

$$c_{H^+} = (3660 - 3600)/(1000 \times 27) = 2.222 \times 10^{-3}\text{mol/L}$$

$$pH = -\lg c_{H^+} = -\lg(2.222 \times 10^{-3}) = 2.66$$

所以两废水混合后的 pH 值为 2.66。

18. 投石灰以去除水中的 Zn^{2+} 离子，生成 $Zn(OH)_2$ 沉淀。当 pH=7 和 9 时，问溶液中 Zn 离子的浓度各有多少毫克每升？

解：查资料得到 $\lg c_{Zn^{2+}} = 11.0-2pH$，则 $c_{Zn^{2+}} = 10^{(11.0-2pH)}$

当 pH=7 时：

$c_{Zn^{2+}} = 10^{(11.0-2pH)} = 10^{-3} = 10 - 3 \times 65 \times 10^3/(18/1000) = 3.6 \times 10^3 mg/L$

当 pH=9 时：

$c_{Zn^{2+}} = 10^{(11.0-2pH)} = 10^{-7} = 10^{-7} \times 65 \times 10^3/(18/1000) = 0.36 mg/L$

19. 用氢氧化物沉淀法处理含镉废水，若欲将 Cd^{2+} 浓度降到 0.1mg/L，问需要将溶液的 pH 值提高到多少？

解：$c_{Cd^{2+}} = 0.1 mg/L = ((0.1/112)/1000)/(18/1000) = 1.61 \times 10^{-8} mol/L$

查资料得到 $\lg c_{Cd^{2+}} = 13.8-2pH$，则：

$$pH = (13.8 - \lg c_{Cd^{2+}})/2 = [13.8 - \lg(1.61 \times 10^{-8})]/2 = 10.8$$

20. 如原水含 Fe^{2+} 3mg/L 和 Mn^{2+} 2mg/L，求曝气法氧化铁、锰时理论上所需的氧消耗量。

解：氧化二价铁，方程式如下：

$$4Fe^{2+} + 8HCO_3^- + O_2 + 2H_2O \longrightarrow 4Fe(OH)_3 + 8CO_2$$

则理论需氧量为：2×32/55mg/L=1.16mg/L。

21. 某工厂拟用亚硫酸钠去除重铬酸根，已知废水量为 $5000m^3/d$，$Cr_2O_7^-$浓度为 10mg/L，要求出水浓度达到 0.05mg/L(均以六价铬计)，试计算消耗的亚硫酸钠的量，并比较 NaOH 和 CaO(纯度为 50%) 分别作为中和沉淀试剂所生成的沉淀物质量。

解：(1) 计算消耗的亚硫酸钠的量

还原反应为：

$$2H_2Cr_2O_7 + 6NaHSO_3 + 3H_2SO_4 \longrightarrow 2Cr_2(SO_4)_3 + 3Na_2SO_4 + 8H_2O$$

亚硫酸钠单位消耗量：

$$[(10 - 0.05)/52] \times 3 \times (23 + 1 + 80) = 59.7 mg/L$$

亚硫酸钠每天消耗量：

$$59.7 mg/L \times 5000 m^3/d = 2.87 kmol/d = 298.5 kg/d$$

(2) 生成 NaOH 沉淀物量

NaOH 作沉淀剂反应：

$$Cr_2(SO_4)_3 + 6NaOH \longrightarrow 2Cr(OH)_3\downarrow + 3Na_2SO_4$$

生成的沉淀物量为：

$$2.87/3 \times 2 \times (52 + 17 \times 3) = 197.1\text{kg/d}$$

（3）生成 CaO 沉淀物量

CaO 作沉淀剂反应：

$$Cr_2(SO_4)_3 + 3CaO + 3H_2O \longrightarrow 2Cr(OH)_3\downarrow + 3CaSO_4\downarrow$$

CaO 理论用量为：

$$2.87/3 \times 3 \times 56 = 160.72\text{kg/d}$$

若纯度为 50%，杂质量为 160.72kg/d。生成的沉淀物量为：

$$2.87/3 \times [(103 + 136) + 160.72] = 389.36\text{kg/d}$$

22. 用氯气处理某工业含氰废水，已知水量为 10m³/d，含 CN^-浓度为 500mg/L，为将水中全部氰转为氮气，需用多少氯气？

解：用氯气将水中全部氰转为氮气，涉及反应如下：

$$Cl_2 + H_2O \longrightarrow HCl + HClO$$

$$CN^- + ClO^- + H_2O \longrightarrow CNCl + 2OH^-$$

$$CNCl + 2OH^- \longrightarrow CNO^- + Cl^- + H_2O$$

$$2NaCNO + 3HOCl + H_2O \longrightarrow 2CO_2 + N_2 + 2NaCl + HCl + H_2O$$

总反应：

$$2CN^- + 5OCL^- + 2H^+ = 2CO_2 + N_2 + 5Cl^- + H_2O$$

由上可得出，Cl_2 与 CN^-反应的物质的量之比为 2.5 : 1，即完全氧化 1mol CN^-离子为氮气，需 2.5mol Cl_2，处理该废水需用氯气量为：

$$500/26 \times 2.5 \times 71 = 3414\text{mg/L}$$

每天的用量为：3414 × 10 = 34.14kg/d。

23. 某厂每天排放含 HCl(相对分子质量为 36.5) 1.5%的酸性废水 100m³（密度 1.0t/m³）拟采用 $Ca(OH)_2$（相对分子质量为 74）有效含量为 75%的熟石灰进行中和处理，每日熟石灰的理论需要量是多少？

解：反应方程式为：

$$2HCl + Ca(OH)_2 = CaCl + 2H_2O$$

根据反应方程式，所需的 $Ca(OH)_2$ 量为：

$$\frac{1.5 \times 100 \times 1.0 \times 74}{36.5 \times 100 \times 2 \times 75\%} = 2.02\text{t}$$

所以每日熟石灰的理论需要量是 2.02t。

24. 某工厂甲车间每天产生含盐酸0.73%的酸性废水50m³，乙车间产生含氢氧化钠1.6%的碱性废水，其水质和水量变化较大，采用间歇式中和池将酸碱废水进行中和处理，若处理后废水酸碱达到完全中和，则乙车间每天排出的碱性废水量应为多少？

解：反应方程式为：

$$HCl + NaOH \longrightarrow NaCl + H_2O$$

则每天排出的碱性废水量为：

$$\frac{0.73\% \times 1000 \times 40 \times 50}{36.5 \times 100 \times 2 \times 1.6\%} = 25m^3$$

25. 某厂废水处理采用回流的加压溶气气浮池，池宽3.5m，每日处理废水量为3600m³，每日回流加压溶气的水量为1638m³，分离区停留时间为20min，分离区下降流速为2mm/s，则该气浮池分离区的长度应为多少？

解：气浮池分离区容积按下式计算：

$$V_f = \frac{(Q + QR)t_2}{24 \times 60} = \frac{(3600 + 1638) \times 20}{24 \times 60} = 72.75m^3$$

$$H = v_s t_2 = 2 \times 20 \times 60/1000 = 2.4m$$

$$A_f = \frac{V_f}{H} = \frac{72.75}{2.4} = 30.3m^2$$

$$L_f = \frac{A_f}{b} = \frac{30.3}{3.5} = 8.7m$$

故气浮池分离区的长度应为8.7m。

26. 投加在水中的氯全部生成HClO后，有一部分离解为H^+、OCl^-，其平衡常数为K，当$K = 2.6 \times 10^{-8}$mol/L，水的pH=8时，OCl^-占自由氯的比例是多少？

解：pH=8时，$c_{H^+} = 10^{-8}$，所以：

$$2.6 \times 10^{-8} = \frac{c_{H^+} \times c_{OCl^-}}{c_{HOCl^-}} = 10^{-8} \times \frac{c_{OCl^-}}{c_{HOCl^-}}$$

那么：

$$\frac{c_{OCl^-}}{c_{HOCl^-}} = 2.6$$

而

$$\frac{c_{OCl^-}}{c_{HOCl^-} - c_{OCl^-}} \times 100\% = \frac{2.6}{3.6} \times 100\% = 72\%$$

所以OCl^-占自由氯的比例是72%。

27. 将 3.0g 活性炭放入含苯酚的 500mL 水溶液中，使用吸附等温线 $q=5.2C^{0.21}$ (mmol/g)，达平衡时苯酚的平衡浓度为 0.0346mol/L，试计算废水中苯酚的初始浓度为多少。

解：由 $q=5.2C^{0.21}=10.94\text{mmol/g}$ 可得：

$$q(\text{mol/g})=\frac{V(C_0-C)}{m}$$

即：

$$10.94\times0.001=\frac{0.5(C_0-0.0346)}{3}$$

则：$C_0=0.1\text{mol/L}$

28. 采用粉末活性炭应急处理技术吸附水源突发性污染事故中的硝基苯。通过试验已得到吸附等温线为：$q=0.3994C^{0.8322}$（式中：q 为吸附容量 mg/mg；C 为硝基苯平衡浓度，mg/L）。

（1）水源水硝基苯浓度为 0.008mg/L，要求吸附后硝基苯浓度基本低于检出限（<0.0005mg/L），计算所需粉末炭的投加量。

（2）水源水硝基苯浓度为 0.050mg/L（硝基苯的标准限值为 0.017mg/L，该值约超标 2 倍），采用粉末炭投加量 15mg/L，求吸附后水中的硝基苯浓度。

解：（1）由题意可得吸附容量：

$$q=0.3994C^{0.8322}=0.3994\times0.0005^{0.8322}=0.0007150\text{mg/mg}$$

则每升水中加炭量为：

$$0.008/0.0007150\text{mg/L}=11.19\text{mg/L}=11.19\text{g/m}^3$$

即每吨水中加入 11.19g 活性炭可满足要求。

（2）若平衡浓度值为 C，则加入 15mg/L 的粉末炭其总吸附量为 $15q$mg/L，有：

$$15q=15\times0.3994C^{0.8322}=0.050-C$$

解此方程可得：

$$C=0.0030\text{mg/L}$$

29. 酚在异丙醚中的溶解度约是在水中溶解度的 12 倍，某含酚废水用异丙醚萃取法予以处理，已知废水含酚 2000mg/L，萃取相比（有机相体积与水相体积比）$V_0/V_a=0.2$，为使水中酚降至 100mg/L，需萃取几次？

解：由此可得：

$$E-\frac{2000-100}{2000}=95\%\qquad D=12\quad V_0/V_a=0.2$$

$$E=([1+DV_0/V_a]^n-1)/[1+DV_0/V_a]^n\times100\%\Rightarrow n\approx3$$

30. 某工厂废水处理采用有回流的加压溶气气浮池，池宽 3.5m，每日处理废水量为 $3600m^3$，每日回流加压溶气的水量为 $1638m^3$，分离区停留时间为 20min，分离区下降流速为 2mm/s，试确定该气浮池分离区的长度。

解：气浮分离区体积：

$V = (Q + Q_R)t_2/(24 \times 60) = (3600 + 1638) \times 20/(24 \times 60) = 72.75m^3$

分离区深度：

$$H = 0.002 \times 20 \times 60 = 2.4m$$

分离区面积：

$$A = V/H = 75/2.4 = 30.25m^2$$

则分离区长度：

$$L = A/B = 30.31/3.5 = 8.7m$$

31. 在实验室内做氯消毒试验。已知细菌被灭活为一级反应，且 $k = 0.85min^{-1}$。求细菌被消灭 99%时，所需消毒时间为多少分钟？（分别为 CMB 型和 CSTR 型计算）

解：设原有细菌密度为 C_0，t 时后尚存活的细菌密度为 C_i，被杀死的细菌则为 C_0-C_i。

若为 CMB 型反应器，根据题意，在 t 时刻：

$$\frac{C_0 - C_i}{C_0} = 99.5\%$$

$$即\ C_i = 0.005C_0$$

细菌被灭火率等于细菌减少速率

于是　$r(C_i) = -kC_i = -0.85C_i$

即

$$t = -\frac{1}{0.85}\ln\frac{0.005C_0}{C_0} = \frac{1}{0.85}\ln 200 = 6.23min$$

若为 CSTR 型反应器，根据题意，

$$t = \frac{1}{k}\left[\frac{C_0}{C_i} - 1\right] = \frac{1}{0.85}\left[\frac{C_0}{0.005C_0} - 1\right] = \frac{199}{0.85} = 234.1min$$

32. 液体中物料 i 浓度为 200mg/L，经过 2 个串联的 CSTR 型反应器后，i 的浓度降至 20mg/L。液体流量为 $5000m^3/h$；反应级数为 1；速率常数为 $0.8h^{-1}$。求每个反应器的体积和总反应时间。

解：由 CSTR 二级反应方程式可得：$C_2/C_0 = [1/(1 + kt)]^2$ 得 $t = 2.2h$

$$所以\ T = 2t = 4.4h$$

$$V = Qt = 5000 \times 2.7 = 13500m^3$$

33. 设物料 i 分别通过 CSTR 型和 PF 型反应器进行反应，进水和出水中 i 浓度之比为 $C_0/C_e=10$，且属于一级反应，$k=2h^{-1}$，水流在 CSTR 型和 PF 型反应器内各需多少停留时间？（注：C_0为进水中 i 初始浓度；C_e 为出水中 i 浓度）

解：（1）由 CSTR 一级反应方程式可得：

$$t=(C_0/C_e-1)/k=(10-1)/2=4.5\text{h}$$

（2）由 PF 一级反应方程式可得：

$$t=(\ln C_0-\ln C_e)/k=1.15\text{h}$$

34. 某石油加工废水进水流量 $100m^3/h$，曝气池进水 BOD_5 为 300mg/L，出水 BOD_5 为 30mg/L，混合液污泥浓度为 4g/L，曝气池曝气区有效容积为 $330m^3$。求该处理站的活性污泥负荷和曝气池容积负荷？

解：污泥负荷：

$$N_s=\frac{F}{M}=\frac{QSo}{XV}=\frac{100\times(300-30)\times24\times10^{-3}}{330\times4}=0.49\text{kg/(kg·d)}$$

曝气池容积负荷：

$$N_v=\frac{QSo}{V}=\frac{100\times(300-30)\times24\times10^{-3}}{330}=1.96\text{kg/(m}^3\text{·d)}$$

35. 普通活性污泥法系统处理废水量为 $11400m^3/d$，BOD_5 为 180mg/L，曝气池容积为 $3400m^3$。运行条件为：出水 SS 为 20mg/L（出水所含的未沉淀的 MLSS 称为 SS），曝气池内维持 MLSS 浓度为 2500mg/L，活性污泥废弃量为 $155m^3/d$，其中 MLSS 浓度为 8000mg/L，根据这些数据计算 BOD_5 容积负荷、F/M 和污泥泥龄。

解：曝气池 BOD_5 容积负荷：

$$N_v=\frac{QSo}{V}=\frac{11400\times180\times10^{-3}}{3400}=0.6\text{kg/(m}^3\text{·d)}$$

污泥负荷 F/M

$$F/M=\frac{QSo}{XV}=\frac{11400\times180}{8000\times2500}=0.10\text{kg/(kg·d)}$$

污泥泥龄 θ_c

$$\theta_c=\frac{VX}{\Delta X}=\frac{3400\times2500}{155\times8000}=6.85\text{d}$$

36. 某城镇污水处理厂设计流量 $Q=10000m^3/d$，一级处理出水 $BOD_5=150mg/L$，采用活性污泥法处理，处理水 $BOD_5\leqslant 15mg/L$。采用中微孔曝气盘作为曝气装置。曝气池容积 $V=3000m^3$，$X_r=2000mg/L$，EA = 10%，曝气池出口处溶解氧 $C_1=2mg/L$，水温 $T=25℃$，空气扩散装置安装在水下 4.5m 处。有关参数为：$a'=0.5$，$b'=0.1$，$\alpha=0.85$，$\beta=0.95$，$\rho=1.0$，查表可知 $C_s(20℃)=9.17mg/L$，$C_s(25℃)=8.4mg/L$。试求：曝气池需氧量。

解：要去除的 BOD_5 量为：

$$QS_r=Q(S_0-S_e)=10000\times(150-15)=1350kg/d$$

需氧量为：

$$\begin{aligned}需氧量&=aQ(S_0-S_e)+bVX_v=0.5\times1350+0.1\times3000\times0.2\\&=735kg/d=30.625kg/h\end{aligned}$$

37. 某曝气池中活性污泥浓度为 3000mg/L，二沉池的排泥浓度为 8000mg/L，求回流比。

解：污泥回流比：

$$R=\frac{Q_r}{Q}=\frac{X}{X_r-X}=\frac{3000}{8000-3000}=0.6$$

38. 已知普通曝气池入口处混合液浓度 $c_X=3000mg/L$，污泥回流比 $R=0.5$，求回流污泥浓度。

解：

$$X_r=\frac{1+R}{R}X=\frac{1+0.5}{0.5}\times3000=9000mg/L$$

39. 已知污水量 Q 为 $2000m^3/d$（以生活污水为主）；进水 BOD_5 为 150mg/L；出水 $BOD_5\leqslant 20mg/L$；污水冬季平均温度为 16℃。试进行生物转盘设计计算。

解：处理要求达到的 BOD_5 去除率：

$$H=(150-20)/150\times100\%=87\%$$

确定 BOD 面积负荷率查图得 $N_A=14g/(m^2\cdot d)$

确定水力负荷率查图得 $N_g=140L/(m^2\cdot d)=0.14m^3/(m^2\cdot d)$

（1）盘片总面积

按 BOD 面积负荷率计算

$$A=2000\times150/14=21429m^2$$

按水利负荷率计算 $A=2000/0.14=14286/m^2$，因此取 $21429m^2$ 计算。

（2）盘片总片数。采用直径为3.5m的盘片

$$M = (21429 \times 0.636)/3.52 = 1112.5，取 1113$$

（3）按7台转盘考虑，每台盘片数为159，即 m 取160片。

每台转盘按单轴4级考虑，首级转盘50片，二级40片，三级、四级各35片。

接触氧化槽的有效长度。盘片间距 d 取25mm，采用硬聚氯乙烯盘片

$$L = 160 \times (25 + 4) \times 1.2 = 5.6\text{m}$$

接触氧化槽的有效容积。采用半圆形接触氧化槽，r 取200mm，r/D 为0.08，系数取0.294与0.355的中间值，即0.314，δ 取值200mm

$$V = 0.314 \times (2.5 + 2 \times 0.2) \times 2 \times (5.6 - 150 \times 0.004) = 13.20\text{m}$$

确定转盘的最低旋转速度

$$V_{\min} = 6.37/2.5 \times (0.9 - 1/80) = 2.26\text{r/min} \text{ 合乎要求}$$

（4）污水在接触氧化槽内停留时间

$$T = (13.2 \times 7/2000) \times 24 = 1.1\text{h}$$

40. 某工厂排出含酚废水，水量为200m³/h，含酚浓度为200mg/L。曾进行生物滤池小型试验，试验滤池的直径为15cm，滤料层厚度为2.0m，滤料采用40～60mm粒径的炉渣。当采用水力负荷为12m³/(m²·d)，并控制进水浓度为150mg/L，酚的去除率为90%时，试设计生物滤池。

解： 原浓度为200mg/L，实际进水浓度为150mg/L，故要有出水回流。

进水浓度为150mg/L，去除率为90%，故出水浓度为15mg/L。

$$\frac{200\text{m}^3/\text{h} \times 200\text{mg/L} + 15\text{mg/L} \times Q_r}{200\text{m}^3/\text{h} + Q_r} = 150\text{mg/L}$$

得：$Q_r \approx 74\text{m}^3/\text{h}$，取：$Q_r = 75\ \text{m}^3/\text{h}$，回流比：

$$R = \frac{Q_r}{Q_0} = \frac{75}{200} = 0.375$$

根据水力负荷计算生物滤池表面积：

$$A = \frac{Q}{q} = \frac{(200\text{m}^3/\text{h} + 75\text{m}^3/\text{h}) \times 24\text{h/d}}{12\text{m}^3/(\text{m}^2 \cdot \text{d})} = 550\text{m}^2$$

滤池若为圆形，则直径 $d = \sqrt{\frac{4A}{\pi}} = \sqrt{\frac{4 \times 550}{3.14}} = 26.4\text{m} \approx 26.5\text{m}$

滤料层厚度为2.0m，滤料采用40～60mm粒径的滤渣。

41. 选用高负荷生物滤池法处理污水，水量 Q=5200m^3/d，原水 BOD_5 为 300mg/L，初次沉淀池 BOD_5 去除率为 30%，要求生物滤池的进水 BOD_5 为 150mg/L，出水 BOD_5 为 30mg/L，负荷率 $F_w(BOD_5)$ 为 1.2kg/m^3 滤料，试确定该滤池容积、回流比、水力负荷率。

解：(1) 初次沉淀池的 $E=(L_1-L_2)/L_1$，$30\%=(300-L_2)/300$，$L_2=210$mg/L，即初沉池出水 BOD_5 浓度，因进入滤池 BOD_5 浓度 $L_0=270$mg/L>150mg/L，所以必须回流。

$$150=(210+30r)/(1+r)=0.5$$

(2) $V=Q(1+r)\times150/F_w=5200(1+0.5)\times150/(1.2\times10^3)=975\text{m}^3$

(3) 取有效水深 H=2.0m，则面积 A=487.5m^2

故 $q=5200(1+0.5)/487.5=16\text{m}^3/(\text{m}^2\cdot\text{d})$

42. 某啤酒厂采用厌氧生物滤池工艺处理本厂的废水，已知废水水量为 200m^3/h，进水的 COD 为 2000mg/L，厌氧滤池的进水容积负荷（COD）为 3.8kg/(m^3·d)，COD 去除率为 80%，则厌氧生物滤池的有效容积为多少？

解：

$$V=\frac{2\times200\times24}{3.8}=2526\text{m}^3$$

43. 某食品加工厂每天产生 1000m^3 高浓度有机废水，废水 COD 15000mg/L，经沉淀预处理 COD 去除率为 40%，其后采用两个反应区高度为 6m 的圆柱形 UASB 反应器进行处理，处理负荷（COD）为 10kg/(m^3·d)，试计算反应区内的液体上升流速和反应区截面积分别为多少？

解：
$$F_{总}=\frac{QS_r}{LH}=\frac{1000\times15000\times(1-0.4)}{10\times6\times1000}=150\text{m}^2$$

2 座，则

$$F=150/2=75\text{m}^2$$

$$v=\frac{Q}{F_{总}\times24}=\frac{1000}{150\times24}=0.28\text{m/h}$$

44. 某肉类加工厂污水处理采用上流式厌氧污泥床反应器，设计流量为 1000m^3/d，进水有机物浓度 COD 为 5000mg/L，有机物去除率为 90%，每去除 1kg COD 产气量为 0.5m^3，请计算该反应器生物气的产气量为何值？

解：
$$1000\times5\times90\%\times0.5=2250\text{m}^3/\text{d}$$

45. **利用厌氧-好氧联合处理工艺处理啤酒厂污水，处理量为 4500m^3/d，进水水质 COD 为 2000mg/L，BOD_5 为 1000mg/L，SS 为 500mg/L，出水达 GB 8978—1996 一级标准，设计厌氧容积负荷（COD）为 8kg/(m^3·d)，COD、BOD 和 SS 去除率分别为 85%、80%、30%，好氧段 MLSS 浓度为 3g/L，污泥负荷（BOD_5/MLSS）为 0.2kg/(kg·d)，则厌氧池的容积、停留时间以及好氧池的容积、停留时间各为多少？**

解：厌氧池容积为：

$$(4500 \times 2000/8) \div 1000 = 1125\text{m}^3$$

停留时间为：

$$(1125/4500) \times 24 = 6\text{h}$$

好养池容积为：

$$4500(1000 - 1000 \times 0.8 - 20)/(1000 \times 3 \times 0.2) = 1350\text{m}^3$$

停留时间为：

$$(1350/4500) \times 24 = 7.2\text{h}$$

46. **某城市污水处理厂反硝化池进水硝态氮浓度为 55mg/L，NO_2-N 浓度为 20mg/L，DO 浓度为 1.5mg/L，若完全投加甲醇完成反硝化，试计算单位污水量所需投加的甲醇量。以甲醇为碳源，同时考虑同化和异化两个代谢过程的反硝化反应如下：**

$$N + 0.67CH_3OH + 0.53H_2CO_3 = 0.04C_5H_7NO_2 + 0.48N_2 + 1.23H_2O + HCO_3^-$$

$$N + 1.08CH_3OH + 0.24H_2CO_3 = 0.056C_5H_7NO_2 + 0.47N_2 + 1.68H_2O + HCO_3^-$$

$$2CH_3OH + 3O_2 = 4H_2O + 2CO_2$$

解：

$$20 \times \frac{0.67 \times 32}{14} + 55 \times \frac{1.08 \times 32}{14} + 1.5 \times \frac{2 \times 32}{3 \times 32} = 167.4\text{mg/L}$$

47. **某生活污水处理实验站采用生物除磷工艺，溶解性易降解 COD 含量 155g/m^3，P-P 的含量 3g/m^3，反应器容积为 1100m^3，每日排放混合液 200m^3 活性污泥产率系数 Y(VSS/COD) 为 0.24g/g，内源代谢系数 K_d(VSS/VSS) 为 0.07g/(g·d)，活性污泥的 P 含量（P/VSS）为 0.09g/g，假设溶解性易降解 COD 完全被生物降解，试计算 5000m^3 废水通过生物除 P 的去除含量和出水 P 浓度。**

解：

$$\theta_c = \frac{V}{Q} = \frac{1100}{200} = 5.5\text{d}$$

$$Y_{obs} = \frac{Y}{1 + K_d\theta_c} = \frac{0.24}{1 + 0.07 \times 5.5} = 0.1732$$

磷的去除含量：

$$\Delta P = Y_{obs}QS_r = 0.1732 \times 5000 \times 0.155 = 12087 \approx 12000\text{g}$$

出水磷浓度：$3 - \frac{12000}{5000} = 0.6\text{g/m}^3$

48. 某污水处理厂设计流量 $Q = 50000\text{m}^3/\text{d}$，进水为 40mg/L，出水为 2mg/L，填料比表面积 $S = 1200\text{m}^2/\text{m}^3$，密度为 1.1t/m^3，表面负荷（NH_3-N）为 $0.5\text{g/(m}^2\cdot\text{d)}$，试核算采用曝气滤池除氮所需滤料体积。

解：

$$V = \frac{(40 - 2) \times 5000}{0.5 \times 1200} = 3166.7\text{m}^3$$

49. 某城市污水处理厂采用厌氧/好氧（A/O）强化生物除磷工艺，进水溶解性易降解 COD 含量为 150g/m^3，P-P 的含量为 6g/m^3，系统污泥泥龄 SRT 为 4.5d，污泥产率系数 Y(VSS/COD) 为 0.4g/g，内源代谢系数 K_d(VSS/VSS) 为 0.07g/(g·d)，活性污泥的磷含量（P/COD）为 0.09g/g，设溶解性易降解 COD 完全用于生物除磷，试计算系统对磷的去除率及单位污水产生的剩余污泥量。

解：

$$\Delta x = Y_{obs}QS_0 = \frac{Y}{1 + K_d\theta_c}QS_0 = \frac{0.4 \times 150}{1 + 0.07 \times 4.5} = 45\text{g/m}^3$$

$$\text{去除率} = \frac{45 \times 0.09}{6} \times 100\% = 67.5\%$$

50. 某城市污水处理厂采用人工湿地处理生活污水和少量工业废水，工艺流程如图 2-4 所示。所采用的人工湿地为表流芦苇湿地，由 99 块芦苇湿地田组成，每块长为 140m，宽为 32m，并联运行。该厂污水处理量为 $1.4\times10^4\text{m}^3/\text{d}$，夏季暴雨时最大降雨量为 128mm/d，水层深度为 0.15m，冬季水层深度为 0.30m。该厂进水中的 COD 为 1000mg/L，BOD_5 为 450mg/L，SS 为 1500mg/L，污水经过预处理后 SS 去除率达 70%以上，COD 去除率达 25%以上，BOD_5 去除率达 20%以上，试分析计算其夏季有机负荷、水力负荷和水力停留时间。

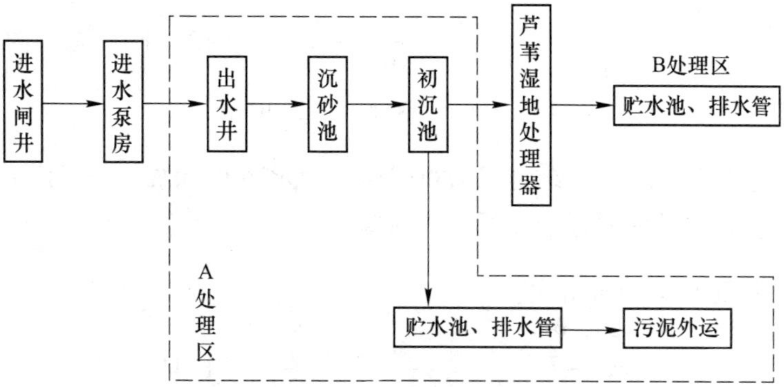

图 2-4 工艺流程图

解：

有机负荷（BOD_5）：

$$\frac{450 \times 1.4 \times 10000 \times 0.8}{1000 \times 99 \times 140 \times 32} \times 10^4 = 113.6 \times 10^{-4} \text{kg/(m}^2 \cdot \text{d)}$$

水力负荷：

$$12.8 + \frac{1.4 \times 10000}{99 \times 32 \times 140} \times 100 = 16 \text{cm/d}$$

停留时间：

$$T = \frac{0.15}{0.16} = 0.9375 \approx 0.94 \text{d}$$

51. 某企业所在地气候较温暖，土壤透气性较差，拟采用土地处理技术对其预处理后的废水进行处理，若投配污水量为 $500m^3/d$，坡地长度 40m，投配率为 $0.1m^3/(m^2 \cdot h)$，每周投配时间为 70h，试选择宜选用的处理工艺及其所需地面积或耕田面积。

解：

由于土壤透水性较差不宜采用慢速渗流，应采用地表漫流，宽度：

$$B = 500 \times 7/(0.1 \times 70) = 500 \text{m}$$

$$S = L \times B = 40 \times 500 = 20000 \text{m}^2$$

52. 某城镇每日排放水量为 $10000m^3$，污水中 BOD_5 浓度经初次沉淀后为 200mg/L，然后采用曝气生物塘处理系统。已知 20℃时有机污染物降解速率常数 K_{20} 为 $0.6d^{-1}$，温度系数 θ 为 1.065。若要求在水温 15℃时，BOD_5 去除率达 85%，试计算曝气塘的有效容积为多少？

解：

$$K_{15} = 0.6 \times \theta^{(15-20)} = 0.6 \times 1.065^{-5} = 0.4379$$

$$t=\frac{E}{K_{15}(100-E)}=\frac{85}{0.4379\times 15}=12.94$$

则 $$V=12.94\times 10000=129400\text{m}^3$$

53. 某污水处理厂二沉池剩余污泥 480m³/d，含水率 99.4%，干污泥有机物含量为 60%，其湿污泥质量最接近下列何值？

解：干污泥平均相对密度：

$$\gamma_s=\frac{2.5}{1-1.5P_v}=\frac{2.5}{1-1.5\times 60\%}=1.3158$$

湿污泥相对密度：

$$\gamma=\frac{\gamma_s}{p\gamma_s+(1-p)}=\frac{1.3158}{99.4\%\times 1.3158+(1-99.4\%)}=1.0014$$

湿污泥质量为：

$$m=\gamma V=1.0014\times 480=480.672\text{t/d}$$

54. 某城市污水处理厂对产生的污泥拟采用好氧堆肥技术进行最终处置，已知发酵仓发酵温度 60℃，试计算供给过量空气时污泥的耗氧速率。

解：单位挥发物质耗氧量计算污泥耗氧速率

$$K=0.1\times 10^{0.0028T}=0.1\times 10^{0.0028\times 60}=0.147\text{mg/(g}\cdot\text{h)}$$

55. 某城市污水厂每天产生含固率（S_1）为 2.5%的浓缩污泥（V_1）1200m³，经脱水后含固率（S_2）提高了 3 倍，脱水后污泥的体积（V_2）是多少？经干化处理后含固率（S_3）又提高了 2 倍，此时污泥体积（V_3）减少到多少？（假定污泥密度 ρ = 1g/mL）

解：

$$V_2=1200\times\frac{0.025}{0.1}=300\text{m}^3$$

$$V_3=300\times\frac{0.1}{0.3}=100\text{m}^3$$

56. 某污水处理厂剩余污泥含水率为 99.5%，拟设计 2 座重力式连续浓缩池进行污泥浓缩处理。已知每天产生剩余污泥量为 1000m³/d，设计污泥固体通量为 30kg/(m²·d)，试计算污泥浓缩池的单池面积。（污泥密度按 1000kg/m³ 计）

解：

$$A=\frac{QC}{M}=\frac{1000\times1000\times(1-0.995)}{30}=166.7\text{m}^2$$

$$A_1=\frac{A}{2}=83.4\text{m}^2$$

57. 初次沉淀污泥和剩余活性污泥的混合污泥进入污泥浓缩池，其中，初次沉淀污泥500m³/d，含水率97.5%，每天排泥2次，每次1h(250m³/h)；剩余活性污泥1000m³/d，含水率99.4%，24h连续排泥，混合污泥固体通量取60kg/(m²·d)。污泥密度按1000kg/m³计，则污泥浓缩池的浓缩时间和有效水深分别是多少？

解：按照《室外给水排水设计规范》，浓缩时间 T 不宜小于12h。

$$S=\frac{1000\times(500\times0.25+1000\times0.006)}{60}=308.3\text{m}^2$$

设 $T=12\text{h}$

$$V=\frac{1000+500}{24}\times12=750\text{m}^3$$

$$H=\frac{750}{308.3}=2.43\text{m}$$

58. 某城市污水处理厂采用浓缩-消化-脱水污泥处理系统，其中污泥消化单元污泥产量为100m³/d，含水率为96%；污泥脱水单元采用板框压滤机，并采用化学法调节预处理，投加石灰10%，铁盐5%（均以占污泥干重计，投加化学药剂后污泥干重增加系数以1.15计），设计每天工作两班，每班工作时间8h，要求泥饼含水率达到65%。若所选压滤机过滤产率（以干污泥计）为6kg/(m²·h)，单台过滤面积为30m²，确定该型号压滤机所需的台数。(板框压滤机脱水的系数取1.15)

解：

$$\frac{100\times0.04\times1.15\times1000\times1.15}{6\times30\times16}=1.836$$

取整数为2，加上备用1台，所以3台，2用1备。

59. 厌氧消化的污泥搅拌宜采用机械搅拌，如需要螺旋桨搅拌的污泥量为500m³/d，则螺旋桨所需功率约为多少？(螺旋桨所需扬程克服惯性力与水力阻抗所需水头为1.0m，搅拌机效率取0.82)

解：$N=\dfrac{qH}{102\eta}=\dfrac{500\times1}{102\times0.82}\approx6\text{kW}$

60. 当污泥的含水率从 99.5%降低至 96.0%时，求污水的体积为原体积的多少？

解：

按 $V_1(100-99.5)=V_2(100-96)$，求得 $V_2/V_1=1/8$

3 模拟试卷及答案

3.1 模拟试卷一

一、选择题（10分，共5题）

1. 某曝气池的污泥沉降比为25%，MLSS浓度为2000mg/L，污泥体积指数为（　　）。

   A. 25　　B. 100　　C. 125　　D. 150

2. 城市污水厂正常运行的曝气池中溶解氧浓度一般为（　　）；混合液悬浮固体浓度一般介于（　　）之间。

   A. 2~4mg/L；2000~4000mg/L　　B. 20~30mg/L；500~1000mg/L

   C. 20~30mg/L；2000~4000mg/L　　D. 2~4mg/L；500~1000 mg/L

3. 对于初沉池，下列说法不正确的是（　　）。

   A. 初沉池的去除对象是悬浮物

   B. 生活污水经过初沉池沉淀，能够去除20%~30%的有机物

   C. 生活污水初沉污泥的含水率较剩余污泥含水率要大

   D. 初沉污泥是污泥处理的主要来源之一

4. 关于生物接触氧化法的说法，不正确的是（　　）。

   A. 生物接触氧化法需要人工曝气

   B. 生物接触氧化法不能使用软性填料

   C. 生物接触氧化法需要二沉池

   D. 生物接触氧化法是浸没式的生物膜反应器

5. 设计生活污水处理厂时，了解主导风向是为了（　　）。

   A. 设计水路高程　　B. 合理安排工作区和生产区

   C. 安排管路布置　　D. 合理安排出水口位置

二、多项选择题（15分，共5题）

6. 下列说法正确的是（　　）。

   A. 可降解的有机物一部分被微生物氧化，一部分被微生物合成细胞

B. BOD 是微生物氧化有机物所消耗的氧量与微生物内源呼吸所消耗的氧量之和

C. 可降解的有机物分解过程分碳化阶段和硝化阶段

D. BOD 是碳化所需氧量和硝化所需氧量之和

7. 属于平流式沉淀池进水装置的是（　　）。

A. 横向潜孔　　B. 竖向潜孔　　C. 穿孔墙　　D. 三角堰

8. 下列说法错误的是（　　）。

A. 对无机物盐类混凝剂来说，吸附架桥起决定作用

B. 对无机物盐类混凝剂来说，双电层作用机理起决定作用

C. 对有机高聚物来说，吸附架桥起决定作用

D. 对有机高聚物来说，双电层作用起决定作用

9. 下列属于推流式的活性污泥处理系统的是（　　）。

A. 渐减曝气法　　B. 多点进水法　　C. 吸附再生法　　D. 延时曝气法

10. 关于氧垂曲线，说法正确的是（　　）。

A. 受污点即亏氧量最大点

B. 曲线下降阶段耗氧速率>复氧速率

C. 曲线下降阶段耗氧速率<复氧速率

D. 曲线末端溶解氧恢复到初始状态

三、填空题（10 分，共 6 题）

11. 好氧处理法的营养平衡经验式 BOD：N：P＝________。
厌氧处理法的营养平衡经验式 BOD：N：P＝________。

12. 根据水中悬浮颗粒的性质、凝聚性能及浓度，沉淀通常可以分为四种不同的类型：________、________、________和________。

13. 活性污泥法曝气反应池主要分为四大类：________、________、________和________。

14. 污泥回流的主要作用是________；二沉池的主要功能为________。

15. 影响混凝效果的水力条件是________；一般在混合阶段，________；在反应阶段，________。

16. 影响氧向水中转移的因素主要有________________。

四、名词解释（10 分，共 5 题）

17. 活性污泥

18. COD

19. UASB 法

20. 污泥膨胀
21. 生物膜

五、简答题（30 分，共 6 题）

22. 影响曝气池中氧传递效果的因素有哪些，是如何影响的？
23. 影响活性炭吸附的因素有哪些？
24. 厌氧生物处理的应用方式有哪些？
25. 说明 A—O 脱氮工艺的去除原理和工艺特点。
26. 绘出活性污泥法工艺流程图，标出参数，并说明各部分的主要功能。
27. 说明曝气生物滤池与生物滤池的区别。

六、计算题（25 分，共 2 题）

28. 某城区计划建一污水厂，用于处理区内的生活污水和工厂污水。该区居民人口 8 万，生活污水量：80 升/(人 · 天)，排 BOD_5：30 克/(人 · 天)。工厂废水量 $1600m^3/d$，BOD_5：400mg/L，若采用活性污泥法，曝气池水力停留时间为 6h，曝气池活性污泥浓度 MLSS = 3000mg/L，SVI = 120，每日污泥增长量 900kg/d，求：曝气池体积、负荷率（BOD_5/MLSS，单位为 kg/(kg · d)）、污泥泥龄、剩余污泥浓度、回流比。
29. 某造纸厂利用气浮池处理废水。废水水量为 $3000m^3/d$，悬浮固体浓度为 600mg/L。水温：20℃。经试验，当供气量为 25L/kg 悬浮固体时，可达到悬浮物处理要求。试计算：当采用全加压溶气气浮时，（1）气浮池气固比；（2）每日总需气量（m^3/d）；（3）全加压时溶气罐直径；（4）当采用回流加压溶气，回流比取 0.6 时，溶气罐的压力（温度为 20℃时，$C_S = 18.7mL/L$；过流密度 $I = 2100m^3/(m^2 \cdot d)$，$A/S = [\rho C_S(fp - 1)R]/Ci$；$\rho$ 为 $1.2kg/m^3$；f 取 0.6）。

模拟试卷一答案

一、选择题（10 分，共 5 题）

1. C 2. A 3. C 4. B 5. B

二、多项选择题（15 分，共 5 题）

6. ABC 7. ABC 8. ABD 9. ABC 10. BCD

三、填空题（10 分，共 6 题）

11. 100 : 5 : 1；200 : 5 : 1
12. 自由沉淀；絮凝沉淀；区域沉淀；压缩沉淀
13. 推流式；完全混合式；封闭环流式；序批式
14. 保证曝气池中有足够的微生物量；泥水分离、浓缩回流污泥
15. 搅拌强度、搅拌时间；搅拌强度大，时间短；搅拌强度小，时间长
16. 污水水质、水温、氧分压

四、名词解释（10 分，共 5 题）

17. **答：**具有吸附降解污水中有机物的能力微生物群体及它们所依附的有机物质和无机物质的总称。
18. **答：**化学需氧量是用化学氧化剂氧化水中有机污染物时所消耗的氧化剂量。
19. **答：**升流式厌氧污泥床反应器，安装有三相分离器。
20. **答：**活性污泥不易沉降，SVI 值升高，体积膨胀。
21. **答：**微生物细胞在水环境中，能在适宜的载体表面牢固附着，生长繁殖，细胞胞外多聚物使微生物细胞形成纤维状的缠结结构。

五、简答题（30 分，共 6 题）

22. **答：**污水水质的影响，污水的氧传递效果比清水差；气压的影响，气压越大，氧传递效果越好；氧分压越高，氧传递效果越好；温度的影响，温度越低，饱和溶解氧浓度越高；紊动越强，氧传递效果越好。
23. **答：**影响活性炭吸附的因素有：吸附剂性质，表面积、孔结构和表面化学性质等，吸附质性质（溶解度小、体积越小，易于吸附）。
    操作条件：pH 值偏碱性；温度低和接触时间长，效果好；共存物质等会有影响。
24. **答：**在好氧池前加一个厌氧池，利用厌氧生物处理的水解酸化阶段，可以提高工业废水的可生化性；利用厌氧生物处理高浓度有机废水，使废水浓度大大降低后，再利用好氧处理；采用 A/O（厌氧/好氧）工艺，可以达到生物脱氮的目的，或采用 A/O（厌氧/好氧）工艺，可以达到生物除磷的目的。
25. **答：**A 池在缺氧条件下反硝化脱氮，O 池在好氧条件下，硝化反应及去除有机物，通过内循环将硝酸盐氮回流到 A 池反硝化。
    特点：（1）反硝化产生碱度补充硝化反应之需；（2）利用原水中有机物，无须外加碳源；（3）节省碳源，基建及运行费用较低；（4）出水中有一定硝酸盐氮。

26. **答**：活性污泥法工艺流程图如图3-1所示。各部分主要功能为：(1) 曝气池。生物反应、供氧、搅拌混合。(2) 二沉池。泥水分离，浓缩回流污泥。(3) 回流系统。保证曝气池内有足够的污泥浓度。(4) 剩余污泥。维持系统的稳定运行。

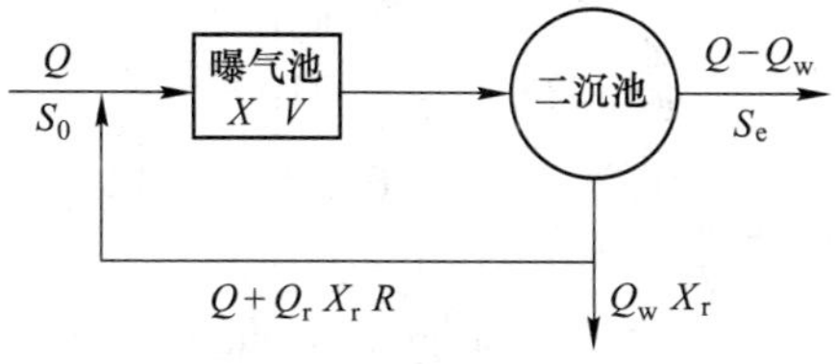

图3-1 活性污泥法工艺流程图

27. **答**：曝气生物滤池需要人工曝气供氧，它具有生物处理与泥水分离两方面的功能，不需设二沉池，有反冲洗装置，它的填料必须是颗粒状。
生物滤池不需要人工供氧，自然通风供氧，需要二沉池，它的填料可以更多样。

六、计算题（25分，共2题）

28. **解**：

$$Q = \frac{80000 \times 80}{1000} + 1600 = 8000\text{m}^3/\text{d}$$

$$S_0 = \frac{80000 \times 30 + 1600 \times 400}{8000} = 380\text{mg/L}$$

$$V = Q \cdot t = 8000 \times \frac{6}{24} = 2000\text{m}^3$$

$$N_S = \frac{QS_0}{XV} = \frac{8000 \times 380}{3000 \times 2000} = 0.5\text{L}$$

$$\theta_c = \frac{X \cdot V}{\Delta X} = \frac{3000 \times 2000}{700 \times 1000} \approx 8.6\text{d}$$

$$Xr = \frac{10^6}{SVI} = \frac{1000000}{120} = 8333\text{mg/L}$$

$$R = \frac{X}{Xr - X} = \frac{3000}{8333 - 3000} = 0.56$$

29. **解**：

(1) $\frac{A}{S} = \frac{25 \times 1.2}{1000} = 0.03$

（2）每日进入气浮池空气质量：$QCi = 3000 \times \frac{600}{1000} \times 0.03 = 54\text{kg/d}$

$$\text{每日需气量：} G_g = \frac{54}{1.2} = 45\text{m}^3/\text{d}$$

（3）溶气罐直径：$D = \sqrt{\frac{4Q}{\pi I}} = \sqrt{\frac{4 \times 3000}{3.14 \times 2100}} = 1.82\text{m}$

（4）溶气罐压力：$0.03 = \frac{1.2 \times 18.7(0.6 \times p - 1)}{600} \times 0.6$

$$\Rightarrow p = \left(\frac{600 \times 0.03}{1.2 \times 18.7 \times 0.6} + 1\right) \div 0.6 = 3.89\text{atm}$$

3.2　模拟试卷二

一、选择题（10 分，共 5 题）

1. 关于化学混凝沉淀，下列说法不正确的是（　　）。
   A. 压缩双电层效应可以使胶体脱稳
   B. 高分子混凝剂可以产生吸附架桥作用
   C. 搅拌时，要先短时间快速搅拌，再长时间慢速搅拌
   D. pH 值越大，混凝效果越好
2. 颗粒在污泥浓缩池中的沉淀类型是（　　）。
   A. 自由沉淀　　B. 絮凝沉淀　　C. 拥挤沉淀　　D. 压缩沉淀
3. 下列说法不正确的是（　　）。
   A. 格栅用以阻截水中粗大的漂浮物和悬浮物
   B. 格栅的水头损失主要在于自身阻力大
   C. 格栅后的渠底应比格栅前的渠底低 10~15cm
   D. 格栅倾斜 50°~60°，可增加格栅面积
4. 根据斜板（管）沉淀池原理，若将池深 H 等分成三层，则（　　）。
   A. 不改变流速 v 和最小沉速 u_0，池长 L 缩短 1/3
   B. 不改变流速 v 和最小沉速 u_0，池长 L 缩短 2/3
   C. 不改变流速 v 和最小沉速 u_0，池长 L 增长 1/3
   D. 不改变流速 v 和最小沉速 u_0，池长 L 增长 2/3
5. 某工业废水的 $BOD_5/COD = 50$，初步判断它的可生化性为（　　）。
   A. 较好　　B. 可以　　C. 较难　　D. 不宜

二、多项选择题（15 分，共 5 题）

6. 影响污泥厌氧消化的因素有哪些（　　）？
   A. 温度、消化池的有机负荷　　B. 二次沉淀池的污泥浓度
   C. 搅拌和混合　　D. 酸碱度、pH 值
7. 属于机械曝气装置的是（　　）。
   A. 竖管　　B. 叶轮　　C. 转刷　　D. 转碟
8. 关于相对湿度正确的是（　　）。
   A. 空气的绝对湿度和同温度下饱和空气的绝对湿度之比
   B. 空气的含湿量和同温度下饱和空气的含湿量之比
   C. 空气的蒸气压和同温度下饱和空气的蒸气压之比
   D. 水蒸气的密度和同温度下饱和空气的绝对湿度之比
9. 下列适于处理高浓度有机废水的装置是（　　）。
   A. 厌氧接触池　　B. 厌氧滤池
   C. 厌氧流化池　　D. 厌氧高速消化池
10. 关于活性炭的说法不正确的是（　　）。
    A. 活性炭是以含碳为主的物质经高温碳化和活化而成
    B. 活性炭比表面积越大越好
    C. 活性炭本身是非极性的
    D. 活性炭还具有催化氧化作用和催化还原作用

三、填空题（10 分，共 6 题）

11. 机械曝气按传动轴的安装方向可分为________和________两大类；加压溶气气浮是将空气在________下溶于水中，在________下析出。
12. 影响吸附处理的因素有________________。
13. 污水处理厂设计中，了解地形坡度是为了参考确定________；了解洪水位标高是为了参考确定________。
14. 去除污水中色度的方法有________、________、________（写出 3 种）。
15. 辐流沉淀池的 3 种进、出水方式分别是________、________、________。
16. 影响好氧生物处理的因素主要有________________。

四、名词解释（10 分，共 5 题）

17. 自由沉淀
18. MLVSS
19. 半透膜
20. 总硬度
21. 电渗析

五、简答题（30 分，共 6 题）

22. 酸性废水的中和方法有哪些？
23. 在不含氨的水中加入氯气进行消毒会出现哪些不足？怎样解决？
24. 颗粒在水中的沉淀类型及其特征如何？
25. 何谓污泥膨胀？说明污泥膨胀的危害及其处理方法。
26. 混凝处理和化学沉淀处理的区别是什么？
27. 活性污泥法为什么需要回流污泥，如何确定回流比？

六、计算题（25 分，共 2 题）

28. 曝气池每日处理污水量 1100m^3，已知入流 BOD 浓度 360mg/L，日污泥增长量 340kg/d，污泥有机负荷率（BOD_5/MLSS）为 0. 2kg/(kg · d)，求曝气池污泥泥龄。
29. 某小区拟建一污水厂，污水来源于区内 5. 6 万人口生活污水（每人每天排污水量 100L，BOD_5：30 克/(人 · 天)）和两工厂（排污水量分别为 500m^3/d（BOD_5 = 280mg/L）和 2300m^3/d（BOD_5 = 350mg/L））。要求采用高负荷生物滤池，要求处理出水达到 30mg/L，设容积负荷（BOD_5）为1. 2kg/(m^3 · d)，试计算回流比和生物滤池体积。

模拟试卷二答案

一、选择题（10 分，共 5 题）

1. D　2. D　3. B　4. B　5. A

二、多项选择题（15 分，共 5 题）

6. ACD　7. BCD　8. ACD　9. ABC　10. ACD

三、填空题（10 分，共 6 题）

11. <u>竖轴式</u>；<u>卧轴式</u>；<u>加压</u>；<u>常压</u>
12. <u>吸附剂的性质、吸附质的性质和吸附过程的操作条件</u>
13. <u>处理构筑物的进、出水方向</u>；<u>出水水位标高</u>
14. <u>吸附</u>；<u>混凝</u>；<u>生物处理</u>；<u>化学氧化</u>；<u>气浮</u>（写出其中 3 种）
15. <u>中进周出</u>；<u>周进周出</u>；<u>周进中出</u>
16. <u>温度、pH 值、营养物、供氧、毒物和有机物性质</u>

四、名词解释（10分，共5题）

17. 答：悬浮颗粒间互不干扰完成沉淀的过程。
18. 答：混合液挥发性悬浮固体浓度。
19. 答：在溶液中凡是一种或几种成分不能透过，而其他成分能透过的膜，都叫做半透膜。
20. 答：水中 Ca^{2+}、Mg^{2+}含量的总和，称为总硬度。
21. 答：是在直流电场的作用下，利用阴阳离子交换膜对溶液中阴阳离子的选择透过性，而使溶液中的溶质与水分离的一种物理化学过程。

五、简答题（30分，共6题）

22. 答：（1）利用工厂的碱性废水和碱性废渣中和；（2）投加碱性试剂；（3）通过有中和性能的滤料过滤。
23. 答：加氯气消毒，氯气和水发生反应生成次氯酸（HOCl），HOCl可以具有强氧化能力，杀死细菌，HOCl越多，消毒效果较好。
    不足：（1）次氯酸在水中停留时间太长后容易散失，当管线很长时管网末梢就不容易达到余氯标准。（2）游离性余氯HOCl容易产生较重的氯臭味，特别是水里含有酚时，更会产生具有恶臭的氯酚。
    解决方法：当水中不含氨或含量甚少时，可人工加氨，使之形成氯胺。氯胺的消毒作用也是靠HOCl，但氯胺是逐渐放出HOCl来，比HOCl消毒作用慢，能保持较长时间，容易保证管网末梢的余氯要求，氯臭味也轻一些。
24. 答：颗粒在水中的沉淀，可根据其浓度与特性，分为4种基本类型：
    （1）自由沉淀：颗粒在沉淀过程中呈离散状态，其形状、尺寸、质量均不改变，下沉速度不受干扰，各自独立地完成沉淀过程。
    （2）絮凝沉淀：悬浮颗粒在沉淀过程中，颗粒之间可能互相碰撞产生絮凝作用，其尺寸、质量均会随深度的增加而增大，其沉速随深度而增加。
    （3）拥挤沉淀（成层沉淀）：当悬浮颗粒浓度比较大时，在下沉过程中彼此干扰，颗粒群结合成一个整体向下沉淀，形成一个清晰的泥水界面，沉淀显示为界面下沉。
    （4）压缩沉淀：颗粒在水中的浓度增高到颗粒互相接触、互相支撑，上层颗粒在重力作用下，挤出下层颗粒的间隙水，使污泥得到浓缩。
25. 答：指活性污泥质量变轻、膨大，沉降性能恶化，在二沉池中不能正常沉淀下来，SVI值大于150。污泥膨胀可造成活性污泥大量流失，出水变差。
    处理方法：（1）投加氯、臭氧、过氧化氢等药剂杀菌；（2）投加絮凝剂改善、提高活性污泥的絮凝性；（3）投加黏土、消石灰等；改善、提高活性污泥的沉降比、密实性；（4）改善运行工况，如加大回流污泥量，提高混合液的 DO 值，调节水温，调整污泥负荷，调整混合液中的营养物质等。

26. **答**：混凝处理和化学沉淀处理的区别是：

（1）处理对象不同：混凝处理对象是水中的微小悬浮固体和胶体杂质，化学沉淀则是水中溶解性污染物。

（2）原理不同：化学混凝时利用压缩双电层作用、吸附架桥作用和网补作用，化学沉淀则是利用化学药剂与污染物反应生成难溶盐沉淀下来。

（3）适用范围不同：混凝主要是去除水中的微小悬浮固体和胶体杂质，化学沉淀则适用于含金属离子的工业废水处理。

（4）添加药剂不同：混凝主要添加混凝剂和助凝剂，化学沉淀则是添加化学药剂。

27. **答**：活性污泥法是依靠生物污泥对 BOD 去除的，进水所带生物量有限，故应从二次沉淀池分离出的污泥中回流，一部分进曝气池。回流比的大小取决于曝气池内污泥浓度 X 和回流污泥浓度 Xr，根据进出曝气池的污泥平衡 $r = (Xr - X)/X$。

六、计算题（25 分，共 2 题）

28. **解**：

$$N_S = \frac{Q \cdot S_0}{X \cdot V} \Rightarrow X \cdot V = \frac{Q \cdot S_0}{N_S} = \frac{1100 \times 360}{0.2} = 1980000$$

$$\theta_C = \frac{X \cdot V}{\Delta X} = \frac{1980000}{340 \times 1000} = 5.8 \approx 6\text{d}$$

29. **解**：

$$Q = \frac{56000 \times 100}{1000} + 500 + 2300 = 8400\text{m}^3/\text{d}$$

$$S_0 = \frac{56000 \times 30 + 500 \times 280 + 2300 \times 350}{8400} = 312\text{mg/L}$$

$$312Q + 30Q_r = 200(Q + Q_r)$$

$$R = \frac{Q_r}{Q} = \frac{312 - 200}{200 - 30} = 0.66$$

$$V = \frac{Q(1 + R)\,S_a}{1000 \cdot N_v} = \frac{8400 \times (1 + 0.66) \times 200}{1000 \times 1.2}\,\text{m}^3 = 2324\ \text{m}^3$$

3.3 模拟试卷三

一、选择题（10分，共5题）

1. 一般认为，当废水中的BOD_5/COD_{Cr}为（　　）时，适宜采用生化处理。
   A. <0.25　　B. <0.3　　C. >0.3　　D. >1.0
2. 为了控制循环水中悬浮物的增长，一般循环水系统均设有（　　）。
   A. 旁滤池　　B. 冷水池　　C. 隔油池　　D. 集水池
3. 下列选项中不属于污水常用的化学处理方法是（　　）。
   A. 中和法　　B. 沉淀法　　C. 气浮法　　D. 氧化还原法
4. 关于吹脱和汽提，下面说法不正确的是（　　）。
   A. 吹脱和汽提的基本原理相同
   B. 汽提使用的载气是水蒸气
   C. 吹脱包括简单蒸馏和蒸汽蒸馏
   D. 吹脱使用的载气是空气
5. 厌氧生物处理法与好氧生物处理法相比较缺点是（　　）。
   A. 剩余污泥产量高
   B. 应用范围仅限于工业废水
   C. 出水COD浓度高，仍需进行好氧处理，提高出水水质
   D. 必须把水加热到33℃左右

二、多项选择题（15分，共5题）

6. 下列关于污泥消化处理的表述中，错误的是（　　）。
   A. 厌氧消化池溢流和表面排渣管通常放置在室内且便于人工操作的地方
   B. 污泥气贮存罐超压后不得随意向大气排放，必须确保周围没人的情况下才能排放
   C. 厌氧消化处理工艺中，污泥搅拌是较耗能的步骤，每日将全池污泥搅拌，搅拌的次数不宜大于3次，但必须保证搅拌充分
   D. 污泥气应综合利用，可用于锅炉、发电和鼓风机等
7. 活性污泥主要组成有（　　）。
   A. 具有代谢功能活性的微生物群体
   B. 微生物内源代谢、自身代谢的残留体
   C. 原水挟入的难以降解的惰性有机物质
   D. 污水挟入的无机物质

8. 下列关于人工湿地污水处理系统设计的叙述中，正确的是（　　）

A. 人工湿地进水悬浮物含量不大于 100mg/L

B. 水平潜流型人工湿地的填料层应由单一且均匀的填料组成

C. 人工湿地常选用苗龄很小的植株种植

D. 人工湿地的防渗材料主要有塑料薄膜、水泥或合成材料隔板、黏土等

9. 某工业废水中含有较高浓度的有机物和氨氮（150mg/L），采用缺氧/好氧工艺进行处理，出水要求 COD≤150mg/L，NH_3-N≤15mg/L，请选择合适的污泥泥龄（　　）。

A. 2d　　B. 6d　　C. 20d　　D. 25d

10. 下列关于生物脱氮的说法正确的是（　　）。

A. 生物脱氮的主要过程包括氨化、硝化、反硝化及同化作用

B. 硝化作用实际上是由化能自养型微生物通过一步反应完成的

C. 其他运行条件一定时，混合液中有机底物浓度越高越不利于硝化菌的增殖

D. 绝大多数反硝化菌属于自养型兼性菌，只有在无分子氧而同时存在硝态氮的条件下才能进行有效的反硝化反应

三、填空题（10 分，共 7 题）

11. 活性污泥系统中，________和________的出现，其数量和种类在一定程度上还能预示和指示出水水质，因此也常称其为“指示性微生物”。

12. 厌氧生物处理有________、________、________、________和________。(任写 5 个)

13. 总凯氏氮包括________。

14. 人工湿地处理系统可分为________和________。

15. 污泥浓缩的目的在于________。

16. 在生物除磷过程中，聚磷菌在厌氧条件下________；而在好氧条件下________。

17. UASB 中的污泥呈________状。

四、名词解释（10 分，共 5 题）

18. 水体自净

19. 污泥泥龄

20. 氧垂曲线

21. 水环境容量

22. SBR

五、简答题（30 分，共 6 题）

23. 说明化学混凝的作用机理和影响因素。
24. 试阐述 UASB 反应器中三相分离器的作用。
25. 什么叫化学沉淀法，在水处理中主要去除哪些物质？
26. 什么是稳定塘？论述稳定塘对污水的净化作用。
27. 说明间歇式活性污泥法（简称 SBR 法）的运行过程及其优缺点。
28. 水中微生物主要分为哪几类？分别简单讨论它们在废水处理过程中所起的作用。

六、计算题（25 分，共 2 题）

29. 一完全混合曝气池的混合液含水率为 99.8%，污泥沉降比为 30%，求污泥指数 SVI 并判断污泥性能。
30. 某工业废水水量为 $600m^3/d$，BOD_5为 430mg/L，经初沉池后进入高负荷生物滤池处理，要求出水 $BOD_5 \leq 30mg/L$，试计算高负荷生物滤池尺寸和回流比。

模拟试卷三答案

一、选择题（10 分，共 5 题）

1.（C） 2.（A） 3.（C） 4.（C） 5.（C）

二、多项选择题（15 分，共 5 题）

6.（ABC） 7.（ABCD） 8.（AD） 9.（CD） 10.（AC）

三、填空题（10 分，共 7 题）

11. 原生动物；后生动物
12. 厌氧生物滤池；升流式厌氧污泥床反应器；厌氧挡板反应器；厌氧生物转盘；厌氧流化床
13. 有机氮和氨氮
14. 自由水面人工湿地处理系统；人工潜流湿地处理系统
15. 减容
16. 释磷；吸磷
17. 颗粒

四、名词解释（10 分，共 5 题）

18. 答：污染物随污水排入水体后，经过物理、化学与生物化学作用，使污染物的浓度降低或总量减少，受污染的水体部分地或完全地恢复原状，这种现象称为水体自净或水体净化。
19. 答：污泥泥龄又称固体平均停留时间（SRT）、细胞平均停留时间（MCRT）。它指在反应系统内，微生物从其生成开始到排出系统的平均停留时间，也可以说是反应系统内的微生物全部更新一次所需要的平均时间。
20. 答：有机物排入河流后，经微生物生物降解而大量消耗水中的溶解氧，导致河水迅速亏氧；另一方面，空气中的氧通过河流水面不断地溶入水中，使溶解氧逐渐得到恢复。微生物耗氧与大气复氧同时作用，水体的 DO 曲线呈悬索状下垂，称为氧垂曲线。
21. 答：在满足水环境质量标准的条件下，水体所能接纳的最大允许污染物负荷量，又称水体纳污能力。
22. 答：SBR 为序批式活性污泥处理法，进水、反应、沉淀、出水在一个反应池内进行。

五、简答题（30 分，共 6 题）

23. 答：作用机理：压缩双电层作用、吸附架桥作用、网捕作用。
影响因素为：
（1）废水水质的影响：水温，pH 值，水中杂质的成分、性质和浓度；
（2）混凝剂的影响：混凝剂的种类、投加量和浓度；
（3）水力条件的影响：搅拌强度和搅拌时间的掌握。
24. 答：三相分离器是 UASB 中进行水、气泥三相分离、保证污泥床正常运行和获得良好出水水质的关键部位，废水从厌氧污泥床底部流入与颗粒污泥层和悬浮污泥层进行混合接触，污泥中厌氧微生物分解有机物的同时产生大量微小沼气气泡，该气泡在上升过程中逐渐增大并携带着污泥随水一起上升进入三相分离器。当沼气碰到分离器下部的反射板时，折向反射板的四周，穿过水层进入气室，泥水混合液经过反射板后进入三相分离器的沉淀区，废水中的污泥发生絮凝作用，在重力作用下沉降，沉降到斜壁上的污泥沿着斜壁滑回反应区，使污泥床内积累起大量的污泥。与污泥分离后的处理水则从沉淀区溢流堰上部溢出，然后排出 UASB 反应器外。
25. 答：往水中投加某种化学药剂，使与水中的溶解物质发生互换反应，生成难溶于水的盐类，形成沉渣，从而降低水中溶解物质的含量，这种方法叫化学沉淀法。在给水处理中去除钙、镁硬度。在废水处理中去除重金属离子，如汞、镉、铅、锌等。

26. **答：**稳定塘（stabilization pond），又称氧化塘（oxidation pond），是一种天然的或经一定人工构筑的废水生态净化系统。废水在塘内经较长时间的停留、储存，通过微生物（细菌、真菌、藻类、原生动物等）的代谢活动，以及相伴随的物理的、化学的、物理化学的过程，使废水中的有机污染物、营养素和其他污染物质进行多级转换、降解和去除，从而实现废水的无害化、资源化与再利用。

27. **答：**SBR 法是将初沉池出水引入具有曝气功能的 SBR 反应池。按时间顺序进行进水、反应（曝气）、沉淀、出水、待机（闲置）等基本操作，从污水的流入开始到待机时间结束称为一个操作周期。这种操作周期周而复始反复进行，从而达到不断进行污水处理的目的。因此 SBR 工艺不需要设置专门的沉池和污泥回流系统。其优点主要有：（1）工艺流程简单。无污泥回流设备，造价低，占地面积小。（2）处理效果好。（3）运行控制灵活，易于实现脱氮除磷。（4）污泥的沉降性能好，能有效地防止丝状菌膨胀。（5）具有良好的适应性，无须设置调节池。

28. **答：**水中的微生物主要有细菌、真菌、原生动物以及后生动物四大类。细菌等各类微生物的种类与数量常与污水水质及其处理工艺有密切关系，在特定的污水中，会形成与之相适应的微生物群落。

细菌是单细胞微生物，废水处理设备中出现的细菌种类很多。对净化污水有重要作用的细菌有无色杆菌属、产碱杆菌属、芽孢杆菌属、黄杆菌属、微球菌属及假单胞菌属。其中假单胞菌属是最具有代表性的污水处理的活性细菌之一，地球上存在的天然有机物都可以为假单胞菌属的细菌所分解。

真菌种类繁多，污水处理中分离出的真菌主要是霉菌。大多数真菌都是好氧菌，具有在温度较低的环境条件下生长繁殖的能力，适宜生存的 pH 值范围是2~9。

原生动物是极微小的能运动的微生物，通常为单细胞生物，生物处理中常见的原生动物有肉足纲、鞭毛纲、纤毛纲和吸管纲的动物。原生动物不仅能吞噬部分有机物、游离细菌，降低污水浑浊度，一些原生动物还能分泌黏液，促进生物污泥絮凝。当运行条件和处理水质发生变化时，原生动物的种类也随之变化，因此，原生动物能起指示生物的作用。

后生动物在水处理设备中不常出现。轮虫是后生动物的典型代表，可非常有效地吞食分散和絮凝的细菌及颗粒较小的有机物。轮虫是好氧生物净化程度的有效指示生物。

在生物处理中，净化污水的第一和主要承担者是细菌，而原生动物是细菌的首次捕食者，后生动物是细菌的次捕食者。

六、计算题（25分，共2题）

29. **解**：

$$SVI = \frac{污泥所占容积}{污泥量} = \frac{SV(\%) \times 10}{X(g/L)} = \frac{30 \times 10}{(1 - 0.998) \times 1000} = 150$$

SVI偏高，污泥沉淀性能较差，有膨胀趋势。

30. **解**：假设初沉池对BOD的去除率为20%，则进入高负荷生物滤池的BOD_5=430（1−20%）=344mg/L；设回流稀释后滤池进水BOD_5= 150mg/L，回流比为：

$$344q_v + 30q_v r = 150\ (q_v + q_v r)$$

$$r = q_v r / q_v = (344 - 150)/(150 - 30) = 1.6$$

取生物滤池的有机负荷率（BOD_5）为1.2kg/(m^3/d)。

生物滤池总体积：

$$V = \frac{600 \times (1.6 + 1) \times 150}{1000 \times 1.2} = 195m^3$$

取池深2.5m，则滤池总面积为：

$$A = 195/2.5 = 78m^2$$

滤池直径为：$D = \sqrt{\frac{4A}{\pi}} = \sqrt{\frac{4 \times 78}{3.14}} \approx 10m$

校核：

滤率 = 600（1.6 + 1）/78 = 20m/d（<30m/d符合要求）

经过计算，采用1个直径为10m、高为2.5m的高负荷生物滤池。

3.4 模拟试卷四

一、选择题（10分，共5题）

1. 下列选项中，不属于目前用于污水消毒常用的消毒剂的是（　　）。
   A. 液氯　　B. 紫外线　　C. 石灰　　D. 臭氧
2. 下列关于离子交换法处理的叙述，不正确的是（　　）。
   A. 离子交换树脂一般由树脂母体和具有活性的交换基团构成
   B. 阳离子交换树脂内的活性基团是酸性的，阴离子交换树脂内的活性基团是碱性的
   C. 离子交换法适用于处理含盐浓度较高的废水
   D. 交换和再生是离子交换工艺流程的两个关键步骤

3. 下列有关活性污泥系统的叙述，正确的是（　　）。
   A. 通常活性污泥系统中 BOD : N : P 应为 100 : 5 : 1
   B. 曝气槽中溶解氧至少应维持在 4mg/L
   C. SVI 值小于 50 表示有污泥膨胀现象
   D. 传统活性污泥系统的曝气时间为 12~24h
4. 以下关于二次沉淀池的正确描述是（　　）。
   A. 只具有泥水分离的作用
   B. 进入二次沉淀池的活性污泥混合液的浓度高，具有絮凝性能，沉淀时泥水之间有清晰的界面，属成层沉淀
   C. 易产生二次流和异重流现象，使实际的过水断面大于设计的过水断面
   D. 最大允许水平流速同初次沉淀池的相同
5. 生物膜法与活性污泥法相比不具有的特点是（　　）。
   A. 允许真菌存在　　B. 抗冲击负荷能力强
   C. 微生物食物链长　　D. 处理效率高

二、多项选择题（15 分，共 5 题）

6. 二沉池的功能是（　　）。
   A. 使混合液澄清，分离活性污泥和处理水
   B. 进一步降解水中的 BOD_5
   C. 浓缩活性污泥
   D. 去除进水中的有机悬浮颗粒物
7. 关于生物膜法工艺设计的叙述中，正确的是（　　）。
   A. 高负荷生物滤池进水 BOD_5浓度不大于 200mg/L
   B. 曝气生物滤池宜采用滤头布水布气系统
   C. 生物膜法适用于大中型规模的污水处理
   D. 污水采用生物膜法处理前，宜经沉淀预处理
8. 以下描述正确的是（　　）。
   A. 污泥脱水、干化后，含水率还很高，体积很大，可进一步进行焚烧处理
   B. 污泥焚烧投资小，运行费用少
   C. 污泥焚烧可将有机固体转化为 CO_2、H_2O 和污泥灰
   D. 污泥的最终出路包括制造肥料、建筑材料和填埋等
9. 对生物除磷工艺描述正确的是（　　）。
   A. 与化学除磷工艺结合可提高除磷效果
   B. 与化学除磷工艺结合时，剩余污泥可以采用消化工艺处理
   C. 与化学除磷工艺结合时，工艺流程复杂，运行管理不便
   D. 聚磷菌在好氧段释放磷，在厌氧段超量摄取磷

10. 污泥的自然干化是一种简单经济的脱水方法，干化脱水主要依靠(　　)。
A. 渗析　　B. 渗透　　C. 撇除　　D. 蒸发

三、填空题（10分，共6题）

11. 自来水中游离氯含量较高，可用________和________除去。
12. 离子交换法的运行操作一般包括4个步骤，即________、________、________和________。
13. 活性污泥微生物增殖分为以下四个阶段（期）：________、________、________和________。
14. 厌氧生物处理的3个阶段是________、________和________。
15. 厌氧塘较深，有机负荷较高，其一般在$BOD_5>$________ mg/L时设置。
16. 污泥浓缩的方法有________、________、________。

四、名词解释（10分，共5题）

17. 生物转盘
18. 污泥沉降比
19. 重力浓缩法
20. 吸附处理
21. AAO工艺

五、简答题（30分，共6题）

22. 如何控制污泥膨胀？
23. 普通生物滤池、高负荷生物滤池、两级生物滤池各适用于什么具体情况？
24. 简述UASB的工作原理。
25. 反硝化脱氮反应中为什么要补加有机碳源？
26. 好氧塘中DO值和pH值在昼夜是如何变化的？为什么？
27. 降低污泥含水率的方法有哪些？各自去除污泥中的哪部分水分？

六、计算题（25分，共2题）

28. 取活性污泥曝气池混合液500mL，盛于500mL的量筒内，半小时后的沉淀污泥量为150mL，试计算活性污泥的沉降比，曝气池中的污泥浓度为3000mg/L，求污泥指数，根据计算结果，判断该曝气池运行是否正常？
29. 实验室生物转盘装置的转盘直径为0.5m，盘片为10片。废水量$Q=40L/h$，进水BOD_5为200mg/L，出水BOD_5为50mg/L，求该转盘的负荷率。

模拟试卷四答案

一、选择题（10分，共5题）

1. A 2. D 3. A 4. B 5. D

二、多项选择题（15分，共5题）

6. AC 7. ABD 8. AC 9. ABC 10. BCD

三、填空题（10分，共6题）

11. 化学还原法；活性炭脱氯法
12. 交换；反洗；再生；清洗
13. 适应期；对数增长期；减数增长期；内源呼吸期
14. 水解酸化阶段；产氢产乙酸阶段；产甲烷阶段
15. 300
16. 重力浓缩；气浮浓缩；离心浓缩

四、名词解释（10分，共5题）

17. 答：生物转盘是生物膜法的一种，特点是其载体是转盘，微生物在转盘上生长繁殖形成生物膜，并通过外力的驱动使转盘转动，实现好氧厌氧更换以及促进膜的脱落更新。
18. 答：污泥沉降比指曝气池中混合液沉淀30min后，沉淀污泥体积占混合液总体积的百分数。
19. 答：利用重力将污泥中的固体与水分离而使污泥的含水率降低的方法。
20. 答：当气体或液体与固体接触时，在固体表面上某些成分被富集的过程。或：一种物质在另一种物质表面吸附浓集的过程。
21. 答：厌氧—缺氧—好氧脱氮除磷工艺，在一个处理系统中同时具有厌氧区、缺氧区、好氧区，能够同时做到脱氮除磷和有机物的降解。

五、简答题（30分，共6题）

22. 答：（1）应急措施：投加药物增强污泥沉降性能或是直接杀死丝状菌。投加铁盐、铝盐等混凝剂可以直接提高污泥的压密性，保证沉淀出水。另外，投加一些化学药剂（如氯气）到回流污泥中也可以消除污泥膨胀现象，投加过氧化氢和臭氧也可以起到破坏丝状菌的效果。（2）改善生化环境、改变生化池内的微生物的生长环境来抑制或消除丝状菌的过度繁殖。

23. **答：** 普通生物滤池一处理每日污水量不高于 $1000m^2$ 的小城镇污水或有机性工业废水。

高负荷生物滤池一处理 BOD；值低于 200mg/L 的进水。

两级生物滤池用于原污水浓度较高或对处理水水质要求高的情况。

24. **答：** 当 UASB 运行时，废水自下部进入反应器，并以一定上升流速通过污泥层向上流动。进水底物与厌氧活性污泥充分接触而得到降解，并产生沼气。产生的沼气形成小气泡，小气泡上升将污泥托起，随着产气量增加，搅拌作用加强，气体从污泥层内不断逸出，引起污泥层呈沸腾状态。污泥层的颗粒随着颗粒表面气泡的成长向上浮动，当浮到一定高度由于减压使气泡释放，颗粒再回到污泥层，气、固、液和混合液上升至三相分离器内，气体可被收集，污泥和水则进入上部相对静止的沉淀区，在重力作用下，水与污泥分离，上清液从沉淀区上部排出，污泥被截留在三相分离器下部并通过斜壁返回到反应区。

25. **答：** 因为反硝化细菌是在分解有机物的过程中进行反硝化脱氮的，所以进入缺氧段的污水中必须有充足的有机物，才能保证反硝化的顺利进行。从理论上讲，当污水的 $BOD_5/TKN > 2.86$ 时，有机物即可满足需要。但由于 BOD 中的一些有机物并不能被反硝化细菌利用或迅速利用，而且另外一部分细菌在好氧段不进行反硝化时，也需要有机物。一般认为系统中 $BOD_5/TKN > 3$ 时，即为碳源充足，否则应外加碳源，补充有机物的不足。

26. **答：** 在好氧塘内高效地进行光合反应和有机物的降解反应，溶解氧是充足的，但在一日之内是变化的，在白昼，藻类光合作用放出的氧远远超过藻类和细菌所需要的，塘水中氧的含量很高，可达到饱和状态，晚间光合作用停止，由于生物呼吸所耗，水中溶解氧浓度下降，在凌晨时最低，阳光开始照射，光合作用又开始，水中溶解氧又上升，好氧塘 pH 值也是变化的，在白昼 pH 值上升，夜晚又下降。

27. **答：** 降低污泥含水率的方法有：（1）浓缩法，用于降低污泥中的空隙水，因为空隙水所占比例最大，故浓缩是减容的主要方法；（2）自然干燥法和机械脱水法，主要脱除毛细水；（3）干燥与焚烧法，主要脱除吸附水与内部水。

六、计算题（25 分，共 2 题）

28. **解：** 污泥沉降比：

$$SV = \frac{30\text{min 后形成沉淀污泥容积}}{\text{原混合液容积}} \times 100\% = \frac{150\text{ml}}{500\text{ml}} \times 100\% = 30\%$$

污泥指数：

$$SVI = \frac{SV(\%) \times 10(mL/L)}{MLSS(g/L)} = \frac{30 \times 10}{3000 \times 10 - 3} = 100$$

SVI<100 污泥的沉降性能好 ，吸附性能差，泥水分离好；

100<SVI<200 污泥的沉降性能一般，吸附性能一般，泥水分离一般；

SVI> 200 污泥的沉降性能不好 ，吸附性能好，泥水分离差，发生污泥膨胀。

此题目中的 SVI 为 100 ，污泥的沉降性能较好，证明曝气池运行正常。

29. **解**：总盘片面积 $F = n \times 1/4 \times 3.14 \times D_2 \times 2$

$$F = 10 \times 0.25 \times 3.14 \times 0.52 \times 2 = 3.925\text{m}^2$$

$$Q = 40L/h = 0.96\text{m}^3/\text{d}$$

$$U = Q(L_0 - L_e)/F = 0.96(200 - 50)/3.925 = 36.7\text{g}/(\text{m}^2 \cdot \text{d})$$

3.5　模拟试卷五

一、选择题（10 分，共 5 题）

1. 下列哪种方法不适宜去除废水的色度（　　）。

A. 混凝　　B. 气浮　　C. 吸附　　D. 中和

2. 污水处理厂设计中，了解常年主导风向是为了参考确定（　　）；了解洪水位标高是为了参考确定（　　）。

A. 厂区平面布置；污水厂地面标高

B. 厂区高程布置；污水厂地面标高

C. 厂区平面布置；出水水位标高

D. 厂区高程布置；出水水位标高

3. 污泥好氧消化的机理是（　　）；污泥堆肥的反应是（　　），作用是(　　)。

A. 阶段曝气；厌氧反应；稳定有机物、杀菌、除臭

B. 延时曝气；厌氧反应；去除有机物、脱氮除磷、除臭

C. 阶段曝气；好氧反应；进一步去除有机物、杀菌、除臭

D. 延时曝气；好氧反应；稳定有机物、杀菌、除臭

4. 现有某城市污水厂的污水处理构筑物：a、曝气池 b、曝气沉砂池 c、初沉池 d、二沉池 e、格栅 f、污泥浓缩池；工艺流程的顺序应该是（　　）。

A. e、b、c、a、d、f　　B. e、c、a、b、f、d

C. e、c、b、a、d、f　　D. b、e、c、a、f、d

5. 厌氧生物处理中，微生物尤其对（　　）非常敏感。

A. 营养、温度　　B. 营养、pH 值

C. 温度、pH 值　　D. pH 值、负荷率

二、多项选择题（15 分，共 5 题）

6. 关于污泥泥龄的说法，正确的是（　　）。
   A. 相当于曝气池中全部活性污泥平均更新一次所需的时间
   B. 相当于工作着的污泥总量同每日的回流污泥量的比值
   C. 污泥泥龄并不是越长越好
   D. 污泥泥龄不得短于微生物的世代期
7. 下列哪些装置是污泥的来源（　　）。
   A. 初沉池　　B. 沉砂池　　C. 二沉池　　D. 混凝池
8. 我国水资源的特点是（　　）。
   A. 总量较丰富　　B. 人均水资源占有量较少
   C. 时间分布极不均匀　　D. 水源污染严重
9. 下列关于污泥处理处置方法的描述中，正确的是（　　）。
   A. 污泥二级消化处理中，通常第二级消化池中不设加温和搅拌装置
   B. 好氧消化过程中的消化反应会产生 H^+，如果污泥的缓冲能力不足，pH 值会降低
   C. 污泥堆肥是利用污泥中的微生物进行发酵的过程，必须加入膨松剂和调理剂
   D. 污泥石灰处理的作用是在强碱性条件下使臭味和病原菌活性受到抑制
10. 下列生物膜工艺为自然充氧的是（　　）。
   A. 曝气生物滤池　　B. 高负荷生物滤池
   C. 生物接触氧化池　　D. 好氧生物转盘

三、填空题（10 分，共 6 题）

11. 污泥的自然干化依靠的是________，影响污泥自然干化的气候因素有________。
12. 曝气过程的主要作用是________；初沉池的主要功能为________；二沉池的主要功能为________。
13. 生活污水的主要成分是________。
14. 城市污水曝气池活性污泥正常生长的溶解氧浓度应维持在________，适宜的 pH 值是________。
15. A—A—O 工艺是________工艺的简称。
16. 经试验，当气浮池供气量达到 21L/kg（空气密度为 1.2g/cm^3）时，出水水质可以达标。此时气浮池的气固比为________。

四、名词解释（10 分，共 5 题）

17. 网捕作用
18. 吸附架桥作用
19. AB 工艺
20. 吸附容量
21. 有机负荷率

五、简答题（30 分，共 6 题）

22. 活性污泥处理系统的运行管理中，应注意观测哪些参数，正常范围应是多少？
23. 在两相厌氧工艺中，实现相的分离的方法有哪些？
24. 某污水厂鼓风机房分别对气浮池、曝气池、化学氧化池和吹脱池供气，请说明各自的用途。
25. 比较物理沉淀法与浮上法（气浮法）的工作原理和特点。
26. 说明 UASB 的工艺结构和特点。
27. 说明化学混凝法与化学沉淀法的区别（原理、适用范围和使用药剂）。

六、计算题（25 分，共 2 题）

28. 某印染厂每日酸性废水量 $6000m^3$（时变化系数 1.2），采用石灰进行中和处理，经试验，投加 $Ca(OH)_2$ 200～400mg/L 时，可将废水 pH 值调至 7.0，试计算：（1）石灰（CaO）的每月用量和库存体积量（石灰密度 $\rho = 1.1t/m^3$，石灰中 CaO 含量 70%）；（2）每小时 CaO 最大运输消化量；（3）每小时最大消耗用水量（设配制的石灰浆质量比为 10%）；（4）石灰浆池的容积（设停留时间为 6min）。
29. 将浓度为 6000mg/L，含水率 99% 的剩余污泥，浓缩为 95% 的污泥，体积改变多少？浓缩后的污泥浓度是多少（单位为 mg/L）？

模拟试卷五答案

一、选择题（10 分，共 5 题）

1. D　2. C　3. D　4. A　5. C

二、多项选择题（15 分，共 5 题）

6. ACD　7. ACD　8. ABCD　9. ABD　10. BD

三、填空题（10 分，共 6 题）

11. 渗透和蒸发；温度、湿度、风速等
12. 供氧，搅拌混合；去除无机物；泥水分离
13. 有机物、N、P 等
14. 2~4mg/L；6.5~8
15. 厌氧—缺氧—好氧脱氮除磷
16. 0.025

四、名词解释（10 分，共 5 题）

17. 答：沉淀物在自身沉淀过程中，能卷集、捕捉水中的分散悬浮物等。
18. 答：某些高分子混凝剂具有线性结构，可以在颗粒之间产生黏接作用，使颗粒絮凝。
19. 答：吸附—生物降解工艺，A 段为吸附去除，高负荷运行，B 段为生物去除，低负荷运行。
20. 答：吸附剂吸附质能力的大小。
21. 答：单位时间单位质量微生物接纳的有机物量。

五、简答题（30 分，共 6 题）

22. 答：(1) 镜检观察：水质好，钟虫、轮虫；
(2) pH 值的调节：7 左右；
(3) 供氧量的调节：保证充氧 DO：2mg/L 左右；
(4) 污泥沉降性能的观测：SVI 值：50~150（或 SV 值：20%~30%）；
(5) 营养平衡的调节：BOD : N : P = 100 : 5 : 1。
23. 答：在两相厌氧工艺中，最本质的特征是实现相的分离，方法主要有：(1) 化学法，投加抑制剂或调整氧化还原电位，抑制产甲烷菌在产酸相中的生长；(2) 物理法，采用选择性的半透膜使进入两个反应器的基质有显著的差别，以实现相的分离；(3) 动力学控制法，利用产酸菌和产甲烷菌在生长速率上的差异，控制两个反应器的水力停留时间，使产甲烷菌无法在产酸相中生长。目前应用最多的相分离方法是动力学控制法。
24. 答：气浮池利用空气气泡作载体，去黏附悬浮颗粒，使其相对密度小于 1 而上浮水面得以去除。

曝气池利用空气中的氧气提供微生物的生存条件，从而进行生化反应。

化学氧化池利用空气中的氧气进行氧化反应，去除水体中的有害物质。

吹脱池利用空气作载体，去除水体中的有害气体。

25. **答**：物理沉淀法利用自然重力下沉原理去除悬浮物，主要适用于相对密度大于 1 的污泥的去除。

气浮法是利用高度分散的微小气泡作载体去黏附废水中的污染物，使其密度小于水的密度而上浮到水面加以去除。气浮法主要适用于相对密度接近 1 或小于 1 的物质的回收或去除。

26. **答**：UASB 是上流式厌氧污泥床反应器的缩写。

结构：圆形或矩形反应器，内置三相分离器，进行泥、水、气分离。

特点：（1）构造上采用了三相分离器；（2）反应器内污泥浓度高，形成颗粒污泥；（3）底部均匀配水。

27. **答**：化学混凝法是利用化学药剂使水中细小分散的悬浮颗粒或胶体物质凝聚、下沉的过程，适用于去除细小颗粒或胶体颗粒。

化学沉淀是利用药剂与水中的某些离子产生化学反应，生成沉淀物适用于去除废水中的金属离子。前者使用无机盐或有机高分子絮凝剂，后者使用氢氧化物沉淀剂、硫化物沉淀剂等。

六、计算题（25 分，共 2 题）

28. **解**：（1）$Ca(OH)_2$每天用量 G_1：

$$G_1 = \frac{Q \cdot C_1}{1000} = \frac{6000 \times 300}{1000} = 1800\text{kg/d}$$

CaO 每天用量 G_2：

$$G_2 = \frac{1800 \times 56}{74 \times 0.7} = 1946\text{kg/d} \approx 1.9\text{t/d}$$

CaO 每月贮量：

$$V = \frac{G_2 \times 30}{\rho} = \frac{1.946 \times 30}{1.1} = 53\text{m}^3/\text{d}$$

（2）运输能力：$Q_{max} = 6000 \times 1.2 = 7200\text{m}^3/\text{d} = 300\text{m}^3/\text{h}$

$Ca(OH)_2$ 每小时理论用量 N_1：

$$N_1 = Q_{max} \times C_{max} = \frac{300 \times 400}{1000} = 120\text{m}^3/\text{h}$$

$Ca(OH)_2$每小时实际用量 N_2：

$$N_2 = \frac{120}{0.7} = 171\text{kg/h}$$

CaO 每小时运输量 N：

$$N = \frac{171 \times 56}{74} = 130\text{kg/h}$$

（3）每小时最大消耗水量 W：

$$W = N_2 \frac{0.9}{0.1} \times \frac{1}{1000} = 171 \times \frac{0.9}{0.1} \times \frac{1}{1000} = 1.54\text{m}^3/\text{h}$$

（4）石灰浆池的容积 V：

$$V = W \times \frac{10}{9} \times t = 1.54 \times 10 \div 9 \times 6 \div 60 = 0.17\text{m}^3$$

29. **解：**

$$\frac{V_1}{V_2} = \frac{1 - P_{W2}}{1 - P_{W1}} = \frac{C_2}{C_1}\frac{V_1}{V_2} = \frac{1 - 0.95}{1 - 0.99} = 5$$

$$5 = \frac{C_2}{6000} \qquad C_2 = 30000\text{mg/L}$$

体积缩小 20%。

3.6 模拟试卷六

一、选择题（10 分，共 5 题）

1. 关于生物接触氧化法的说法，下列不正确的是（　　）。
   A. 生物接触氧化法需要人工曝气
   B. 生物接触氧化法不能使用软性填料
   C. 生物接触氧化法需要二沉池
   D. 生物接触氧化法是浸没式的生物膜反应器
2. 臭氧氧化处理的主要任务是（　　）。
   A. 杀菌消毒
   B. 去除氮、磷造成水体富营养化的物质
   C. 去除溶解性无机物
   D. 去除重金属

3. f = MLVSS/MLSS，对城市污水（ ），对工业废水（ ）；生活污水的 BOD_5 值大约为（ ）。
   A. 0.7~0.8；不定值；2000mg/L
   B. 0.7~0.8；不定值；200~300mg/L
   C. 不定值；0.7~0.8；200~300mg/L
   D. 不定值；0.75~0.8；2000mg/L
4. 处理硫酸废水时，采用过滤中和方法适合的药剂是（ ）；采用药剂中和方法常用的药剂是（ ）。
   A. 石灰，沸石　　B. 白云石，石灰
   C. 沸石，石灰　　D. 石灰石，白云石
5. 将浓度4500mg/L、含水率99%的污泥1000m^3浓缩为含水率96%的污泥，浓缩后的污泥体积和污泥浓度为（ ）。
   A. 400m^3，16000mg/L　　B. 250m^3，18000mg/L
   C. 400m^3，18000mg/L　　D. 250m^3，16000mg/L

二、多项选择题（15分，共5题）

6. 影响离子交换速度的主要因素有（ ）。
   A. 树脂的交换基团　　B. 树脂的交联度
   C. 水温　　D. 被交换离子的本身性质
7. 被摄入活性污泥微生物细胞体内的有机污染物，（ ）。
   A. 全部被微生物氧化分解，形成 CO_2 和 H_2O 等稳定的无机物
   B. 全部被微生物氧化分解，并被微生物用于合成新细胞
   C. 一部分被氧化分解，形成 CO_2 和 H_2O 等稳定的无机物
   D. 一部分被微生物用于合成新细胞
8. 生物膜处理法在微生物相方面的特征是（ ）。
   A. 参与净化反应的微生物多样化
   B. 生物的食物链长
   C. 能够存活世代时间较长的微生物
   D. 分段运行与优占种属
9. 厌氧生物处理的装置包括（ ）。
   A. 化粪池　　B. 升流式厌氧污泥床反应器
   C. 膨胀颗粒污泥床　　D. 曝气生物滤池
10. 下列选项中（ ）是厌氧生物处理的装置。
   A. 化粪池　　B. 升流式厌氧污泥床反应器
   C. 膨胀颗粒污泥床　　D. 曝气生物滤池

三、填空题（10 分，共 6 题）

11. 格栅按间隙可分为，按清渣方式可分为________和________两种。
12. 污泥生物消化的方式主要有两种，即________和________。
13. 生活污水的 BOD_5 值一般是________ mg/L 左右，城市污水的 f 值（MLVSS/MLSS）一般为________左右。
14. 萃取法去除的污染物主要有（写出两种）：________和________。吹脱法去除的污染物主要________。
15. 废水中的油通常有四种形式，即________、________、________和________。
16. 污泥的自然干化的机理是________，影响污泥自然干化的气候因素有________。

四、名词解释（10 分，共 5 题）

17. SVI
18. 丝状膨胀
19. 区域沉淀
20. 有机负荷
21. 回流比

五、简答题（30 分，共 6 题）

22. 试述活性污泥法曝气反应池的几种基本形式和特点。
23. 在中和池和化学沉淀池中都加入了药剂氢氧化钙，两者的区别是什么？
24. 简要说明自由沉淀、絮凝沉淀、拥挤沉淀与压缩沉淀各有何特点。
25. 简述加氯消毒的原理，pH 值对消毒效果有何影响？
26. 何谓吸附等温线？常见的吸附等温线有哪几种类型？吸附等温式有哪几种形式及应用场合如何？
27. 简要介绍化学法脱氮除磷的方法。

六、计算题（25 分，共 2 题）

28. 三种不同污水水样在 20℃下的 BOD_5 均为 350mg/L，而它们的 $k_{1(20)}$ 值分别为 $0.25d^{-1}$、$0.36d^{-1}$ 和 $0.47d^{-1}$，试求每种水样的完全生化需氧量。
29. 某漂染废水处理站，有两座完全混合式曝气池，每座容积 $350m^3$，污泥浓度 4000mg/L，处理废水量为 $5000m^3/d$，最大时变化系数为 1.3，进水平均 BOD_5 为 250mg/L，水温 30℃，要求 BOD_5 去除 90%。求需氧量与供氧量。（有关参数为：$a'=0.6$，$b'=0.07$，$\alpha=0.5$，$\beta=0.85$，$\rho=1.0g/cm^3$）。

模拟试卷六答案

一、选择题（10分，共5题）

1. B　2. A　3. B　4. B　5. B

二、多项选择题（15分，共5题）

6. AC　7. ABCD　8. AD　9. ABC　10. AC

三、填空题（10分，共6题）

11. 粗格栅、中格栅和细格栅；人工清渣，机械清渣
12. 厌氧消化；好氧消化
13. 200；0.7（或0.75、0.8）
14. 酚、胺、重金属（写出其中两种）；氨等易挥发气体
15. 可浮油；细分散油；乳化油；溶解油
16. 蒸发、渗透；温度、湿度、风力、干燥度等

四、名词解释（10分，共5题）

17. **答**：污泥体积指数是指曝气池中混合液静止30min后每单位的干泥形成的湿污泥的体积，单位是mL/g。SVI＝SV/MLSS。

18. **答**：丝状膨胀是污泥中丝状菌过度增长繁殖的结果，当污泥中有大量的丝状菌时，具有一定强度的大量丝状菌互相支撑、交错，可大大恶化污泥的凝聚、沉降、压缩性能，形成污泥膨胀。

19. **答**：颗粒的沉降受到周围其他颗粒影响，颗粒间相对位置保持不变，形成一个整体共同下沉。

20. **答**：有机负荷包括污泥负荷和容积负荷。污泥负荷为微生物所处的生长阶段决定于基质的量和微生物总量的比值；容积负荷为单位容积曝气池在单位时间内所能接纳的BOD_5量。

21. **答**：回流比是指曝气池中回流污泥的流量与进水流量的比值。

五、简答题（30分，共6题）

22. **答**：（1）推流式曝气池：池首和池尾污水浓度不同；多采用鼓风曝气，长宽比一般为5~10，池长可多折。

（2）完全混合式曝气池：表面曝气和鼓风曝气均可；曝气池内各点的浓度、

需氧速率均相等；有较强的耐冲击负荷能力。

(3) 封闭循环式反应池：结合了推流和完全混合两种流态的特点；属延时曝气，有较强的耐冲击负荷能力。

(4) 序批式反应池（SBR）：在同一个反应池中间歇地完成进水、反应、沉淀、出水几个基本过程；不需设二沉池。

23. **答**：中和反应池中加 $Ca(OH)_2$ 是为了进行酸碱中和（或者是使污水 pH 值达标排放）。沉淀反应池中加 $Ca(OH)_2$ 是为了使其与废水中的污染物结合进行沉淀去除。

24. **答**：自由沉淀：发生在水中悬浮固体浓度不高时的一种沉淀类型。在沉淀的过程中，颗粒之间互不碰撞，呈单颗粒状态，各自独立地完成沉淀过程。典型例子是砂粒在沉砂池中的沉淀以及初沉池中沉淀初期的沉淀过程。

絮凝沉淀：悬浮固体浓度不高（50~500mg/L），但颗粒与颗粒之间可能互相碰撞产生絮凝作用，使颗粒的粒径与质量逐渐加大，沉淀速度不断加快，典型例子是化学混凝沉淀和活性污泥在二次沉淀池中间段的沉淀。

区域沉淀（或称成层沉淀、拥挤沉淀）：当悬浮物质浓度大于 500mg/L 时，相邻颗粒之间互相妨碍、干扰，沉速大的颗粒也无法超越沉速小的颗粒，颗粒群结合成一个整体向下沉淀，各自保持相对位置不变，并与澄清水之间形成清晰的液-固界面。典型例子是二次沉淀池下部的沉淀过程及浓缩池开始阶段。

压缩沉淀：随着区域沉淀的继续，悬浮固体浓度不断加大，颗粒间互相接触和支撑，上层颗粒在重力作用下挤出下层颗粒的间隙水，使污泥得到浓缩。典型的例子是活性污泥在二次沉淀池的污泥斗中及浓缩池中的浓缩过程。

25. **答**：氯消毒作用的原理：氯溶于水分解出次氯酸，主要通过次氯酸 HOCl 起消毒作用。HOCl 为很小的中性分子，只有它才能扩散到带负电的细菌表面，并通过细菌的细胞壁穿透到细菌内部。当 HOCl 分子到达细菌内部时，能起氧化作用破坏细菌的酶系统而使细菌死亡。OCl^- 虽也具有杀菌能力，但是带有负电，难于接近带负电的细菌表面，杀菌能力比 HOCl 差得多。生产实践表明，pH 值越低则消毒作用越强，证明 HOCl 是消毒的主要因素。

26. **答**：在温度一定的条件下，吸附量随吸附质平衡浓度的提高而增加，吸附量随平衡浓度而变化的曲线称为吸附等温线。

常见的吸附等温线有两种类型Ⅰ型和Ⅱ型，如图 3-2 所示。

吸附等温式的常用形式有三种：Freundlich 型、Langmuir 型和 BET 型：

(1) Freundlich 型吸附等温式吸附量和吸附平衡浓度都不存在极限值；

(2) Langmuir 型吸附等温式适用于单分子层吸附，在低浓度时，吸附量与平衡浓度存在线性关系，当吸附平衡浓度达一定值后，吸附量不再发生变化，存在一极限值；

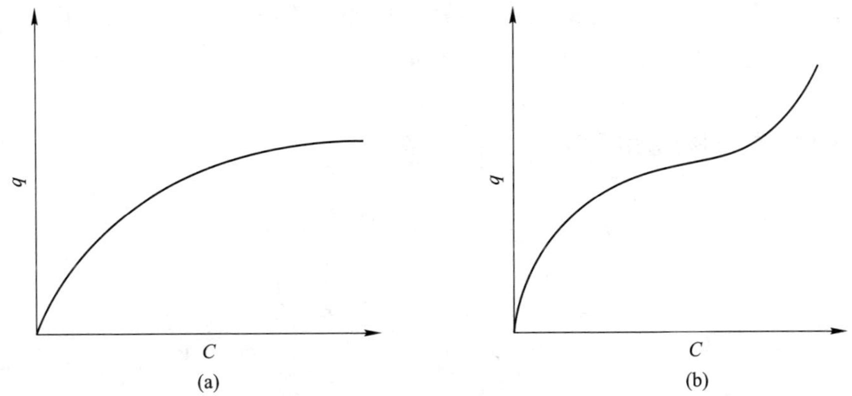

图 3-2 常见的吸附等温线类型

(a) Ⅰ型；(b) Ⅱ型

(3) BET 型吸附等温式适用于多分子层吸附，吸附量不存在极限值，平衡浓度存在一极限值。

27. **答**：采用化学或物理化学方法可以有效地脱氨除磷。折氯或吹脱工艺可以有效地去除氨和氮；采用混凝沉淀或选择性离子交换工艺可以去除磷。

六、计算题（25 分，共 2 题）

28. **解**：假定废水有机物含量为 L_0，20℃时的 BOD_5满足下式：

$$BOD_5 = L_0[1 - 10^{-5k_{1(20)}}]$$

而完全生化需氧量 $BOD_u = L_0$，所以

$$BOD_u = \frac{BOD_5}{1 - 10^{-k_{1(20)} \times 5}} = \frac{350}{1 - 10^{-0.25 \times 5}} = 371\text{mg/L}$$

$$BOD_u = \frac{BOD_5}{1 - 10^{-k_{1(20)} \times 5}} = \frac{350}{1 - 10^{-0.36 \times 5}} = 356\text{mg/L}$$

$$BOD_u = \frac{BOD_5}{1 - 10^{-k_{1(20)} \times 5}} = \frac{350}{1 - 10^{-0.47 \times 5}} = 352\text{mg/L}$$

29. **解**：(1) 要去除的 BOD_5量为：

$$QS_r = Q(S_0 - S_e) = 5000 \times 0.25 \times 0.9 = 1125\text{kg/d}$$

则每座池子去除的 BOD_5量为 562.5kg。

每座池子平均需氧量为：

需氧量 $= a'QS_r + b'VX_v$

$$= \frac{0.6 \times 562.5 + 0.07 \times 4000 \times 350 \times 10^{-3}}{24} = 18.15\text{kg/h}$$

(2) 供氧量。按最大供氧量计算，按平均供氧量复核。由于 $C_{S(20)}=9.2$mg/L，$\beta\rho C_{S(30)}=0.85\times1\times7.6=6.46$mg/L，曝气池中溶解氧在平均流量时保持 2mg/L，最大流量时不低于 1.0mg/L。

根据公式，可得选用设备最大供氧量 R_0 为：

$$R_0=\frac{RC_{max}(20)}{\alpha\,1.024^{(-200)}[\beta\alpha C_{srn(T)}-C_t]}$$

$$=\frac{22.36\times9.2}{0.5\times1.024^{(30-20)}\times(6.46-1.0)}$$

$$=59.4\text{kg/h}$$

在平均时曝气池内溶解氧为：

$$C_L=C_{sw(6)}-\frac{O_2\,C_{cos(20)}}{\alpha\,1.024^{(T-20)}\,R_0}$$

$$=6.46-\frac{18.15\times9.2}{0.5\times1.024^{(g_0-20)}\times59.4}$$

$$=2.03\text{mg/L}>2\text{mg/L}$$

满足要求。

3.7 模拟试卷七

一、选择题（10 分，共 5 题）

1. 水力停留时间是设计沉淀池体积的重要依据，当水力停留时间较（　　）时，沉淀池体积较（　　）；去除率相对较。

   A. 长，小，低　　B. 长，大，高

   C. 短，小，高　　D. 短，大，低

2. 对于脱氮反应中的硝化过程，下列不正确的是（　　）。

   A. 硝化反应是好氧反应，溶解氧含量不得低于 1mg/L

   B. 硝化反应需要在碱性环境中完成

   C. 硝化反应适宜的温度是 20~30℃

   D. 硝化反应的污泥泥龄不宜过长

3. 关于污水厂高程设计计算，下列不正确的是（　　）。

   A. 污水厂污水处理流程一般采用一次性水头抬升全高，全程水流重力自流

   B. 选择一条距离最长、水头损失最大的流程进行水力计算

C. 水力计算是从污水处理流程最前端开始，向后逐步进行水头损失计算
D. 最终水位应使处理后污水在洪水季节能自流排出

4. 厌氧反应三阶段理论的依次是（　　）三阶段。
A. 水解发酵、产氢产乙酸、产甲烷
B. 产氢产乙酸、产甲烷、水解发酵
C. 产氢产乙酸、水解发酵、产甲烷
D. 水解发酵、产甲烷、产氢产乙酸

5. 对于初沉池，下列说法不正确的是（　　）。
A. 初沉污泥是污泥浓缩池的污泥来源之一
B. 初沉污泥的含水率较剩余污泥含水率要大
C. 生活污水经过初沉池沉淀，能够去除20%~30%的有机物
D. 一般初沉池的沉淀时间较二沉池短

二、多项选择题（15分，共5题）

6. 生物膜处理法在处理工艺方面的特征是（　　）。
A. 对水质、水量变动有较强的适应性
B. 污泥沉降性能好，易于固液分离
C. 能够处理低浓度废水
D. 易于维护运行、节能

7. 下列属于平流沉砂池组成部分的是（　　）。
A. 入流渠、出流渠　　B. 闸板
C. 沉淀分离区　　D. 沉砂斗

8. 来水厂采用氯气消毒时，投加量多少和水的pH值高低、氨氮含量有关，下列叙述中（　　）是不正确的。
A. 水的pH值越高，消毒效果越好，投加量越少
B. 水的pH值越低，消毒效果越好，投加量越少
C. 水中氨氮含量越多，折点加氯量越多
D. 水中氨氮含量越少，折点加氯量越多

9. 以下选项中（　　）是氧化沟的工艺特点。
A. 氧化沟工艺结合了推流和完全混合两种流态
B. 氧化沟具有明显的溶解氧浓度和梯度
C. 氧化沟处理效果稳定
D. 氧化沟工艺中沟的总长为90~600m，所以工艺较为复杂

10. 下列关于生物脱氮的说法正确的是（　　）。
A. 生物脱氮的主要过程包括氨化、硝化、反硝化及同化作用

B. 硝化作用实际上是由化能自养型微生物通过一步反应完成的

C. 其他运行条件一定时，混合液中有机底物浓度越高越不利于硝化菌的增殖

D. 绝大多数反硝化菌属于自养型兼性菌，只有在无分子氧而同时存在硝态氮的条件下才能进行有效的反硝化反应

三、填空题（10 分，共 6 题）

11. 加压溶气气浮法有________、________和________三种流程。
12. 稳定塘可分为________、________、________和________四种。
13. 沉淀池分为________、________和________三种。
14. 反渗透压力增高透水量________。
15. 硝化作用的影响因素包括________________。(任写五项)
16. 利用________厌氧消化处理的系统是中温消化，利用________厌氧消化处理的系统是高温消化。

四、名词解释（10 分，共 5 题）

17. 反硝化
18. 水体富营养化
19. TOC
20. 吸附平衡浓度
21. 剩余污泥

五、简答题（30 分，共 6 题）

22. 简述曝气沉砂池的工作原理。
23. 试简述高级氧化处理与传统氧化处理的区别。
24. 影响吹脱的因素有哪些？为什么？
25. 影响厌氧生物处理的主要因素有哪些？
26. 什么是湿地处理系统？
27. 简述污泥厌氧消化的机理。

六、计算题（25 分，共 2 题）

28. 原水中含 Fe^{2+} 8mg/L 和 Mn^{2+} 2mg/L，采用曝气法氧化铁、锰所需的理论空气量是多少？
29. 设从正常运行的曝气池中，取 100mL 混合液于量筒中，静置沉淀 30min 后，测得沉淀污泥体积为 32. 8mL，混合液悬浮固体浓度（MLSS）为 3000mg/L。

求该活性污泥的 SVI 值是多少？

模拟试卷七答案

一、选择题（10 分，共 5 题）

1. B　2. D　3. D　4. A　5. B

二、多项选择题（15 分，共 5 题）

6. ABCD　7. ABCD　8. AD　9. ABC　10. AC

三、填空题（10 分，共 6 题）

11. 全加压溶气气浮法；回流溶气气浮法；部分加压溶气气浮法
12. 好氧塘；兼性塘；厌氧塘；曝气塘
13. 平流沉淀池；竖流沉淀池；辐流沉淀池
14. 增大
15. 温度；溶解氧；pH 值；有机负荷；泥龄；碱度；BOD_5/TKN；有毒物质（任选其中 5 项）
16. 中温甲烷菌；高温甲烷菌

四、名词解释（10 分，共 5 题）

17. **答：**在缺氧的条件下，亚硝酸氮和硝酸氮在反硝化细菌的作用下被还原为氮气的过程。
18. **答：**水体富营养化指在人类活动影响下，氮、磷等营养物质大量进入湖泊、河口、海湾等缓流水体，引起藻类及其他浮游生物迅速繁殖水体溶解氧量下降水质恶化，鱼类及其他生物大量死亡的现象。
19. **答：**总有机碳，包括水样中所有有机污染物的总碳量，是评价水样中有机污染物的一个综合参数。
20. **答：**当吸附和解吸速度相等时，吸附达到平衡。此时，吸附质在溶液中的浓度称为吸附平衡浓度。
21. **答：**剩余污泥指每日从活性污泥系统中排出的活性污泥。

五、简答题（30 分，共 6 题）

22. **答：**压缩空气经空气管和空气扩散装置释放到水中，上升的气流使池内水流作旋流运动，无机颗粒之间互相碰撞与摩擦的机会增加，把表面附着的有机物淘洗下来，由于旋流产生的离心力，把密度较大的无机颗粒甩向外层而下沉，相对密度较小的有机物始终处于悬浮状态，当旋至水流的中心部位时随水带走。

23. **答：**高级氧化处理：以自由羟基（·OH）作为主要氧化剂的高级氧化工艺，采用两种或多种氧化剂联用发生协同效应，或者与催化剂联用，提高·OH生成量和生成速度，加速反应过程，提高处理效率和出水水质。包括湿式氧化、超临界水氧化、光化学氧化、光化学催化氧化、超声波空化等高级氧化处理方法。

高级氧化处理与传统氧化处理的相比有以下特点：(1) 高氧化性，·OH自由基是一种极强的化学氧化剂，它的氧化电位要比普通氧化剂如臭氧、氯气和过氧化氢等高得多。(2) 与普通化学氧化法相比，高级氧化的反应速率很快。(3) 降低TOC和DOC。普通化学氧化因氧化进行得不彻底，不能达到降低TOC和DOC的效果。(4) 提高可生物降解性。(5) 减少三卤甲烷（THMS）和溴酸盐的生成。普通的化学氧化，如以臭氧处理原水，其三卤甲烷生成势（THMFP）可能有所减少，这是由于大分子的有机化合物（腐植酸、富里酸等）被氧化分解成小分子化合物，但难以完全地消除；此外如果水中同时存在着溴化物，它将被氧化成次溴酸盐并形成溴酸盐等化合物。

24. **答：**在吹脱过程中，影响因素很多，主要有以下几点。

(1) 温度：在一定压力下，气体在水中的溶解度随温度升高而降低，因此，升温对吹脱有利。

(2) 气水比：空气量过小，气液两相接触不够；空气量过大，不仅不经济，还会发生液泛，使废水被气流带走，破坏操作。为使传质效率较高，工程上常采用液泛时的极限气水比的80%作为设计气水比。

(3) pH值：在不同pH值条件下，气体的存在状态不同。pH值越小，废水中游离H_2S和HCN的含量越高。因为只有以游离的气体形式存在才能被吹脱，所以对含S^{2-}和CN^-的废水应在酸性条件下进行吹脱。

25. **答：**影响厌氧生物处理的因素包括温度、污泥投配率、搅拌和混合、营养和C/N比、有毒物质、酸碱度、pH值、消化液的缓冲作用。

26. **答：**湿地处理系统是将污水投放到土壤经常处于水饱和状态而且生长有芦苇、香蒲等耐水植物的沼泽地上，污水沿一定方向流动，在流动过程中，在耐水植物和土壤联合作用下，污水得到净化的一种土地处理工艺。

27. **答：**厌氧消化三阶段理论：第一阶段是在水解与发酵细菌作用下，使碳水化合物、白质与脂肪水解与发酵转化成单糖、氨基酸、脂肪酸、甘油与二氧化碳、氢等；第二阶段是在产氢产乙酸菌的作用下，把第一阶段的产物转化成氢、二氧化碳和乙酸；第三阶段是通过两组生理上不同的产甲烷菌的作用，一组把氢和二氧化碳转化成甲烷，另一组是对乙酸脱羧产生甲烷。

六、计算题（25 分，共 2 题）

28. **解**：曝气法氧化铁、锰的化学式如下：

$$4Fe^{2+} + O_2 + 2H_2O \longrightarrow 4Fe^{3+} + 4OH^-$$

$$2Mn^{2+} + O_2 + 2H_2O \longrightarrow 2MnO_2 + 4H^+$$

根据上面的反应式，氧化 Fe^{2+}所需氧量为：

$$8 \times 32/(56 \times 4) = 1.14mg/L$$

同理，氧化 Mn^{2+}所需氧量为：

$$2 \times 32/(55 \times 2) = 0.58mg/L$$

则氧化水中铁、锰理论需氧量为 1.14+0.58=1.72mg/L

氧在空气中的摩尔比为 21%，空气的相对分子质量为 29，那么理论空气量为：

$$1.72/32/0.21 \times 29 = 7.42mg/L$$

所以采用曝气法氧化铁锰所需的理论空气量是 7.42mg/L。

29. **解**：

SV=328mL/L 或 SV(%)= 32.8，MLSS=3g/L，则：

$$SVI = \frac{328mL/L}{3g/L} = \frac{32.8 \times 10mL/L}{3g/L} = 109mL/g$$

3.8 模拟试卷八

一、选择题（10 分，共 5 题）

1. 对于沉淀池，下列不正确的是（　　）。
   A. 平流沉淀池结构简单、运行稳定，占地面积相对较大
   B. 辐流沉淀池刮泥方便，适用于大、中、小型污水处理厂
   C. 竖流沉淀池占地小，特别适用于絮凝状悬浮物沉淀处理
   D. 斜管沉淀池适用于场地有限，需扩大处理水量的沉淀池扩容
2. 吸附去除最主要的缺点是（　　）。
   A. 进水预处理要求高　　B. 运行速度较慢
   C. 适用范围有限　　D. 操作管理不便
3. 生物脱氮工艺中，硝化反应和反硝化反应的反应条件分别是（　　）。
   A. 好氧和中性环境，缺氧和碳源充足

B. 缺氧和中性环境，好氧和碳源充足

C. 好氧和碱性环境，缺氧和碳源充足

D. 缺氧和中性环境，好氧和碳源充足

4. 下列关于 UASB 反应器的特征，不正确的是（　　）。

A. 在反应器的上部设置了气、固、液三相分离器

B. 在反应器底部设置了均匀布水系统

C. 反应器内的污泥能形成颗粒污泥

D. 反应器的微生物停留时间相应较短，反应器具有较高的容积负荷

5. 关于曝气生物滤池填料，下列说法不正确的是（　　）。

A. 填料的比表面积要大，机械强度要好

B. 化学稳定性要强

C. 采用软性填料时，注意避免结团

D. 对生物无毒性

二、多项选择题（15 分，共 5 题）

6. 属于物理处理方法的是（　　）。

A. 筛滤截留法　　B. 重力分离法

C. 离心分离法　　D. 絮凝沉淀法

7. 以下描述正确的是（　　）。

A. 氧化还原法处理工业废水时，氧化与还原是同时发生的

B. 氯氧化法在工业废水处理领域重要的应用是脱色和去除氰化物

C. 臭氧氧化法在工业废水处理领域不能除铁、除锰

D. 过氧化氢氧化法被广泛应用于去除有毒物质，特别是难处理的有机物

8. 胶粒在水中受（　　）的影响。

A. 由于胶体带电，带相同电荷的胶料产生静电斥力，而且 ζ 电位越高，胶粒间的静电斥力越大

B. 受水分子热运动的撞击，使微粒在水中做不规则的运动

C. 胶粒之间还存在着相互引力——范德华引力，其大小与胶粒间距的 2 次方成反比，当胶粒间距较大时，此引力略去不计

D. 胶粒微粒之间存在斥力

9. 有毒物质能够影响活性污泥微生物生理活动的主要因素有（　　）。

A. 它在达到一定浓度时对微生物的生理活动具有抑制作用

B. 因此系统中不能存在铅、镉、铬等重金属离子

C. 因此系统中不能存在砷、氰化物等非金属无机有毒物质

D. 它包括对微生物生理活动具有抑制作用的某些无机物及有机物

10. 关于影响 SBR 工艺脱氮除磷的说法中正确的是（　　）。
   A. 污水中易生物降解的有机物浓度越大，除磷率越高
   B. 厌氧混合液中硝酸盐氮的浓度大于 1.5mg/L 时，会影响除磷效果
   C. 曝气时间过长，会使聚磷菌内源呼吸使自身衰减死亡和溶解，导致磷的释放
   D. 聚磷菌在好氧条件下会释放磷，而在厌氧条件下则摄取磷

三、填空题（10 分，共 6 题）

11. 调节池主要调节________。
12. 吸附架桥作用主要是________。
13. 混凝剂可分为________和________两大类。
14. 混合反应设备的主要设计参数为混凝的水力条件，即________与________。
15. 影响吸附的因素有________、________和________。
16. 生物滤池一般可分为三种：________、________和________。

四、名词解释（10 分，共 5 题）

17. 硝化
18. 生物除磷
19. 水体污染
20. 两级生物滤池
21. 生物接触氧化法

五、简答题（30 分，共 6 题）

22. 滤池反冲洗的目的是什么？常用的反冲洗方式有哪些？影响反冲洗效果的因素是什么？
23. 简述超临界水氧化处理技术的原理。
24. 何谓胶体稳定性？简述胶体脱稳和凝聚的作用机理。
25. 哪个阶段是厌氧反应处理的限速步骤？为什么？
26. 简述生物硝化系统需维持高浓度溶解氧的原因。
27. 稳定塘净化过程的影响因素有哪些？

六、计算题（25 分，共 2 题）

28. 一曝气池设计水量为 $50000m^3/d$，进水 $BOD_5=200mg/L$，混合液活性污泥浓度为 2500mg/L，污泥负荷（$BOD_5/MLSS$）为 0.2kg/(kg·d)，求曝气池容积。

29. 实验室生物转盘装置的转盘直径为0.5m，盘片为10片。废水量 $Q=40L/h$，进水 BOD_5 为200mg/L，出水 BOD_5 为50mg/L，求该转盘的负荷率。

模拟试卷八答案

一、选择题（10分，共5题）

1. B 2. A 3. C 4. D 5. C

二、多项选择题（15分，共5题）

6. ABCD 7. ABD 8. ABC 9. AD 10. ABC

三、填空题（10分，共6题）

11. 水质、水量、pH值和温度
12. 指高分子有机聚合物与粒胶的吸附与桥连
13. 无机盐类；有机高分子化合物
14. 搅拌强度；搅拌时间
15. 吸附剂的性质；吸附质的性质；吸附过程的操作条件
16. 普通生物滤池；高负荷生物滤池；塔式生物滤池

四、名词解释（10分，共5题）

17. **答**：在亚硝化细菌和硝化细菌的作用下将氨态氮转化为亚硝酸氮和硝酸氮的过程。
18. **答**：生物降磷是在厌氧-好氧或厌氧-缺氧交替运行的系统中利用聚磷微生物具有厌氧释磷及好氧（或缺氧）超量吸磷的特性，好氧或缺氧段中混合液磷的浓度大量降低，最终排放含有大量富磷污泥而达到水中除磷的目的。
19. **答**：排入水中的污染物在数量上超过该物质本底浓度和水的环境容量从而导致水的物理化学性质发生改变，使水体固有的生态系统和水体功能受到破坏。
20. **答**：当废水处理程度要求高时，一级高负荷生物滤池不能满足要求时，可以将两个高负荷滤池串联起来，称为两级生物滤池。
21. **答**：生物接触氧化法是一个介于活性污泥法和生物滤池之间的处理方法，它兼具有这两种方法的优点。

五、简答题（30分，共6题）

22. **答**：滤池反冲洗的目的是把被截留的污染物从滤料层中洗去，使之恢复过滤能力。常用的反冲洗方式有逆流冲洗方式、压缩空气反冲、水力表面冲洗以及机械或超声波搅动等。

23. **答：** 超临界水氧化的主要原理是利用超临界水作为质来氧化分解有机物。在超临界水氧化过程中，由于超临界水对有机物和氧气都是极好的溶剂，因此有机物的氧化可以在供氧的均一相中进行，反应不会因相间转移而受限制。同时，高的反应温度（建议采用的温度范围为400~600℃）也使反应速率加快，可以在几秒钟内对有机物达到很高的破坏效率。有机废物在超临界水中进行的氧化反应：

$$\text{有机化合物} + O_2 \longrightarrow CO_2 + H_2O$$

$$\text{有机化合物中的杂原子} \longrightarrow \text{酸、盐、氧化物}$$

$$\text{酸} + NaOH \longrightarrow \text{无机盐}$$

超临界水氧化反应完全彻底。有机碳转化成 CO_2，氢转化成水，卤素原子转化为卤化物的离子，硫和磷分别转化为硫酸盐和磷酸盐，氮转化为硝酸根和亚硝酸根离子或氨气。同时，超临界水氧化在某种程度上与简单的燃烧过程相似，在氧化过程中释放出大量的热，一旦开始，反应可以自己维持，无须外界能量。

24. **答：** 胶体稳定性：胶体粒子在水中长期保持分散悬浮状态的特性，包括动力学和聚集稳定性两个方面。动力学稳定性是颗粒布朗运动对抗重力影响的能力；聚集稳定性是胶体粒子之间不能相互聚集的特性。胶体脱稳和凝聚的作用机理：压缩双电层（加入电解质进行脱稳），电解质加入与胶粒吸附的反离子发生交换或挤入吸附层，使胶粒带电荷数减少，降低电动点位，扩散层厚度降低；吸附电中和，胶核表面直接吸附带异号电荷的聚合离子、高分子物质、胶粒等来降低电动点位，使胶体脱稳；吸附架桥作用，高分子物质和胶粒，以及胶粒与胶粒之间的架桥；网捕作用，金属氢氧化物形成过程中对胶粒的网捕。

25. **答：** 厌氧反应处理的限速步骤是产甲烷阶段。因为产甲烷细菌是一种严格的专性厌氧菌，它们对营养要求较简单，而对环境条件的变化反应特别敏感，另外，产甲烷细菌繁殖世代时间长，代谢速率较缓慢，所以产甲烷菌是控制厌氧生物处理效率的主要微生物。

26. **答：** 硝化细菌为专性好氧菌，无氧时即停止生命活动，不像分解有机物的细菌那样，大多数为兼性菌；硝化细菌的摄氧速率较分解有机物的细菌低得多，如果不保持充足的氧量，硝化细菌将“争夺”不到所需要的氧；绝大多数硝化细菌包埋在污泥絮体内，只有保持混合液中较高的溶解氧浓度，才能将溶解氧“挤入”絮体内，便于硝化细菌摄取。

27. **答：** 稳定塘净化过程的影响因素有温度、光照、混合、营养物质、有毒物质、蒸发量和降雨量。

六、计算题（25 分，共 2 题）

28. **解**：

$$N_s=\frac{\text{进水中的污染物总量}}{\text{曝气池内污泥总量}}=\frac{QS_a}{XV}$$

$$V=\frac{QS_a}{XN_s}=\frac{5000\text{m}^3/\text{d}\times 0.2\text{kg/m}^3}{2.5\text{kg/m}^3\times 0.2\text{kg/(kg}\cdot\text{d)}}=20000\text{m}^3$$

29. **解**：总盘片面积 $F=n\times 1/4\times 3.14\times D_2\times 2$

$$F=10\times 0.25\times 3.14\times 0.52\times 2=3.925\text{m}^2$$

$$Q=40\text{L/h}=0.96\text{m}^3/\text{d}$$

$$U=Q(L_0-L_e)/F=0.96(200-50)/3.925=36.7\text{g/(m}^2\cdot\text{d)}$$

3.9 模拟试卷九

一、选择题（10 分，共 5 题）

1. 回流加压溶气气浮法的主要优点是（　　）。
   A. 气浮池体积小　　B. 气浮处理效率高
   C. 不易堵塞释气器　　D. 管线设置简单容易安装
2. 对于除磷反应，下列不正确的是（　　）。
   A. 较短的污泥泥龄可取得较好的除磷效果
   B. 在适宜温度范围内，温度越高释磷速度越快
   C. 生物除磷系统合适的 pH 值为中性和微碱性
   D. 较低的 BOD 负荷可取得较好的除磷效果
3. 目前我国新建城市污水处理厂的污泥脱水装置多采用（　　）机。目前国内、外多采用的气浮处理方法为（　　）气浮。
   A. 带式压滤；溶气　　B. 篮式；电解
   C. 篮式；分散　　D. 螺旋式；溶气
4. 耗氧物质的污染指标为（　　）。
   A. BOD、SS、TOD　　B. SS、COD、BOD
   C. COD、BOD、TOD　　D. TOD、SS、BOD
5. 活性污泥增长曲线中（　　）微生物的代谢活性最强。
   A. 停滞期　　B. 对数增殖期
   C. 减速增殖期　　D. 内源呼吸期

二、多项选择题（15 分，共 5 题）

6. 水体物理性污染是指（　　）。
   A. 腐殖质、泥土和浮游生物造成的污染
   B. 水温、色度、臭味造成的污染
   C. 悬浮物及泡沫等造成的污染
   D. 颜料及铁、锰等金属离子造成的污染
7. 氧垂曲线的工程意义主要有（　　）。
   A. 确定可排入河流的有机物最大限量
   B. 确定污水处理厂的处理程度
   C. 可在污水与河水的排放点不完全混合的条件下计算环境容量
   D. 可在有多个污水排放点的条件下计算推求污水处理厂的排放口位置
8. 选择中和方法时应考虑（　　）。
   A. 含酸或含碱废水中所含的酸类或碱类的性质、浓度、水量及其变化规律
   B. 本地区中和药剂和滤料的供应情况
   C. 接纳废水水体的性质、城市下水道能容纳废水的条件、后续处理对 pH 值的要求等
   D. 应先寻找能就地取材的酸性或碱性废料并尽可能加以利用
9. 以下序批式活性污泥法工艺中，（　　）的系统是连续进水的。
   A. SBR 工艺　　B. CAST 工艺
   C. MSBR 工艺　　D. ICEAS 工艺
10. 以下关于厌氧生物处理缺点的叙述中，下列不正确的是（　　）。
    A. 厌氧生物反应器长期停运后，污泥活性恢复历时长
    B. 厌氧生物反应器污泥浓度高，容积负荷小
    C. 厌氧生物处理出水水质较差，不能直接排放
    D. 厌氧生物反应器污泥浓度高，剩余污泥量大

三、填空题（10 分，共 6 题）

11. 厌氧生物处理对象主要是：________、________、________。
12. 常用的生物膜法种类有________________（写出至少 3 种）。
13. 污水厂设计中，了解常年主导风向是为了________。
14. 活性污泥由________、________、________、________四部分组成。
15. 污泥堆肥的反应是________，作用是________。
16. 曝气方法可分为________和________二大类。

四、名词解释（10分，共5题）

17. 稳定塘
18. DO
19. 生物接触氧化
20. 污泥含水率
21. AB工艺

五、简答题（30分，共6题）

22. 污泥的性质指标有哪些？
23. 人工湿地系统设计的主要工艺参数是什么？应考虑哪些问题？
24. 简述化学法脱氮除磷的方法有哪些？
25. 简述气浮浓缩的基本机理。
26. UASB的布水系统为什么要求布水均匀？
27. 废水中什么物质适宜用吹脱法去除？对某些盐类物质，例如NaHS、KCN等，能否用吹脱法去除？要采取什么措施？

六、计算题（25分，共2题）

28. 含盐酸废水量为$100m^3/d$，其中盐酸浓度为5g/L，用石灰进行中和处理，石灰的有效成分占50%，试求石灰的用量。
29. 某垃圾渗滤液处理厂，进水NH_3-N浓度较高，经有机物去除和硝化后，硝态氮浓度为1500mg/L，已知污泥实际产率系数Y_{obs}（以溶解性可降解COD计）为0.27，试计算理论上每立方米废水硝态氮彻底还原需多少溶解性可降解COD，同时可以产生多少碱度（以$CaCO_3$计）？

模拟试卷九答案

一、选择题（10分，共5题）

1. C　2. D　3. A　4. C　5. B

二、多项选择题（15分，共5题）

6. BC　7. ABD　8. ABCD　9. CD　10. ABD

三、填空题（10分，共6题）

11. 高浓度有机废水；有机污泥；生物质
12. 生物滤池、生物转盘、生物接触氧化
13. 进行平面布置
14. 活细胞代谢；残留物；惰性物质；无机物质
15. 好氧反应；稳定有机物
16. 鼓风曝气；机械曝气

四、名词解释（10分，共5题）

17. **答：** 经过人工适当修整的土地，设围堤和防渗层的污水池塘，主要依靠自然生物功能使污水得到净化的一种污水生物处理技术。
18. **答：** 溶解氧，指溶解在水中的氧含量。溶解氧可作为有机物污染及其自净程度的间接指标。
19. **答：** 在池内充填一定密度的填料，从池下通入空气进行曝气，污水浸没全部填料并与填料上的生物膜广泛接触，在微生物新陈代谢功能的作用下，污水的有机物得以去除，污水得到净化。
20. **答：** 污泥中所含水分的质量与污泥总质量之比的百分数称为污泥含水率。
21. **答：** 吸附—生物降解工艺的简称。该工艺将曝气池分为高低负荷两段，各有独立的沉淀和污泥回流系统。高负荷段（A段）停留时间为20~40min，以生物絮凝吸附作用为主，同时发生不完全氧化反应，生物主要为短世代的细菌群落，去除BOD达50%以上。B段与常规活性污泥法相似，负荷较低，泥龄较长。

五、简答题（30分，共6题）

22. **答：** 污泥的性质指标有：（1）污泥含水率，污泥中所含水分的质量与污泥总质量之比的百分数；（2）挥发性固体和灰分，挥发性固体近似地等于有机物含量；而灰分表示无机物含量；（3）可消化程度；（4）湿污泥相对密度与干污泥相对密度：湿污泥质量与同体积的水质量之比值；（5）污泥肥分；（6）污泥中金属离子的含量。
23. **答：** 人工湿地系统的主要工艺参数是负荷率。常用的负荷率有水力负荷和有机负荷，有时还辅以氮负荷和磷负荷。要考虑的问题是土壤性质、透水性、地形、作物种类、气候条件和废水处理程度的要求。
24. **答：** 采用化学或物理化学方法可以有效地脱氨除磷。折氯或吹脱工艺可以有效地去除氨和氮；采用混凝沉淀或选择性离子交换工艺可以去除磷。
25. **答：** 气浮浓缩的原理是在一定的温度下，空气在液体中的溶解度与空气受到

的压力成正比，即服从亨利定律。当压力恢复到常压后，所溶空气即变成微细气泡从液体中释放出来。大量微细气泡附着在污泥颗粒的周围，可使颗粒比重减少而被强制上浮，达到浓缩的目的。因此，气浮浓缩法适用于污泥颗粒相对密度接近于 1 的活性污泥。

26. **答：**因为 UASB 中的微生物是分层生长的，共三相四种群，若布水不均匀，会产生上下的剪切力，破坏微生物的分层，从而使 UASB 失效。

27. **答：**废水中的溶解性气体可用吹脱法去除。对某些盐类物质，如果其阴离子是挥发性酸，例如 NaHS、KCN 等，可通过减小溶液的 pH 值，使挥发性酸的溶解度降低，然后可用吹脱法去除。

六、计算题（25 分，共 2 题）

28. **解：**中和反应为：$2HCl+Ca(OH)_2 = CaCl_2+2H_2O$，则盐酸与石灰的质量比为 36. 5∶74，中和 1kg 盐酸需石灰 2. 03kg。

若以石灰干投，药剂总耗量：

$$G_a = \frac{KQ(C_1a_1 + C_2a_2)}{\alpha} = \frac{1.45 \times 100(5 \times 2.03 + 0)}{50\%} = 2943\text{kg/d}$$

石灰的用量为 2943kg/d。

29. **解：**

$$\frac{\text{溶解性可降解 COD}}{NO_3 - N} = \frac{2.86}{1 - 1.42Y_{obs}} = \frac{2.86}{1 - 1.42 \times 0.27} = 4.6383$$

从而得出：COD = 4. 6383×1500 = 6958g

根据每还原 1g 硝态氮，产生 3. 57g 碱度计算，碱度为 1500×3. 57 = 5355g

3.10　模拟试卷十

一、选择题（10 分，共 5 题）

1. 河流自净作用是指河水中的污染物质在向下游扩散时浓度自然降低的现象，水体自净作用中的生物净化是（　　）。

A. 污染物质因为稀释、沉淀、氧化、还原、生物降解等作用，而使污染物质浓度降低的过程

B. 污染物质因为水中的生物活动，特别是微生物的氧化分解而使污染物质浓度降低的过程

C. 污染物质因为氧化、还原、分解等作用，而使污染物质浓度降低的过程

D. 污染物质因为稀释、扩散、沉淀或挥发等作用，而使污染物质浓度降低的过程

2. 机械过滤的目的是去除（　　），降低浊度。
   A. 悬浮物杂质　　B. 藻类
   C. 微生物　　D. 水垢
3. 曝气池混合液 SVI 指数是指（　　）。
   A. 曝气池混合液悬浮污泥浓度
   B. 曝气池混合液在 1000mL 量筒内静止沉淀 30min 后活性污泥浓度
   C. 曝气池混合液静止沉淀 30min 后，每单位质量干泥形成湿污泥的体积
   D. 曝气池混合液中挥发性物质所占污泥量的比例
4. 生物膜法在微生物相方面的特征主要有三种，不属于这三种的是(　　)。
   A. 参与净化反应的微生物多样化　　B. 生物的食物链长
   C. 分段运行　　D. 泥龄较短，能抑制丝状菌生长
5. 以下描述正确的是（　　）。
   A. 初次沉淀池污泥含水率达 99%，剩余污泥含水率介于 95%~97%
   B. 浓缩的目的在于污泥的无害化
   C. 污泥中水的存在形式大致分为四类：颗粒间空隙水和毛细水、颗粒表面的吸附水、颗粒内部（包括生物细胞内部）的水
   D. 污泥浓缩主要去除污泥颗粒表面的吸附水

二、多项选择题（15 分，共 5 题）

6. 水体中的无机污染是指（　　）。
   A. 酸碱及无机盐污染　　B. 氮、磷的污染；
   C. 固体物质的污染　　D. 重金属的污染。
7. 以下描述正确的是（　　）。
   A. 硫化物能与某些金属离子反应生成金属硫化物的黑色沉淀
   B. 当水体的 pH 值较低时，硫化物以 S^{2-} 为主要存在形式
   C. 重金属很难被微生物降解
   D. 水体细菌总数能够直接说明水体是否存在病原微生物和病毒
8. 活性污泥的沉降性能评定指标有（　　）。
   A. 污泥沉降比、污泥沉积指数和污泥泥龄
   B. BOD 污泥负荷与 BOD 沉积负荷
   C. 有机污染物降解与活性污泥增长
   D. 有机污染物降解率与需氧量
9. 下列关于不同生物膜法处理工艺的特点，正确的是（　　）。
   A. 高负荷生物滤池有机负荷高，适用于高浓度有机废水处理
   B. 曝气生物滤池有生物功能也有过滤功能，出水水质好

C. 生物转盘工艺能耗低，并具有一定的硝化反硝化功能

D. 生物接触氧化法能够处理高浓度有机废水，也能间歇运行

10. 对于进行机械脱水的污泥，下列选项可以降低污泥比阻的方法有(　　)。

A. 对污泥进行热处理

B. 对污泥进行冷冻处理

C. 对污泥进行机械浓缩

D. 在污泥中加入混凝剂、助凝剂等化学药剂

三、填空题（10 分，共 6 题）

11. 原水的预处理主要是去除水中的________和________。

12. 影响溶液溶解度的因素有溶质和溶剂的________及溶液的________。

13. 反渗透的主要推动力是________。

14. 活性污泥由四部分物质组成：________。

15. 生物脱氮工艺中，根据微生物在构筑物中的生长条件，可分为________和________两大类。

16. 气浮浓缩的工艺流程可分为________和________两种方式运行。

四、名词解释（10 分，共 5 题）

17. 双膜理论

18. 成层沉淀

19. 附着生长法

20. 反渗透法

21. 毛细水

五、简答题（30 分，共 6 题）

22. 什么叫乳化油？乳化油的破乳方法有哪些？

23. 如何确定氢氧化物沉淀法处理重金属废水的 pH 值条件？

24. 气浮法分离的主要对象是什么？气浮工艺必须具备的基本条件有哪些？

25. 厌氧生物滤池的优缺点各是什么？

26. 污水土地处理系统中的工艺类型有哪些？各有什么特点？

27. 污泥处置的原则是什么？常见的工艺有哪些？

六、计算题（25 分，共 2 题）

28. 用碱性氯化法处理含氰废水，已知废水量为 $300m^3/d$，CN^- 浓度为 30mg/L，若使出水浓度低于 0.05mg/L，计算氯气的最小消耗量。

29. 某污水处理厂，设计流量 $Q=500000\text{m}^3$，原废水的 BOD_5 为 240mg/L，初沉池对 BOD_5 的去除率为 25%，处理工艺为活性污泥法，要求处理出水的 BOD_5 为 15mg/L，曝气池容积 $V=150000\text{m}^3$，曝气池中 MLSS 为 3000mg/L，VSS/SS = 0.75，回流污泥中的 MLSS 为 10000mg/L。

有关参数 a(VSS/BOD_5) 和 b：$a=0.6$kg/kg 和 $b=0.08\text{d}^{-1}$。

试求：（1）曝气池的水力停留时间 d；（2）曝气池的 F/M 值、容积去除负荷及污泥去除负荷；（3）剩余污泥的产量及体积。

模拟试卷十答案

一、选择题（10 分，共 5 题）

1. B　2. A　3. C　4. D　5. C

二、多项选择题（15 分，共 5 题）

6. ABD　7. AC　8. ABCD　9. BCD　10. ABD

三、填空题（10 分，共 6 题）

11. 胶体；浊度物质
12. 性质；温度
13. 压力差
14. 活细胞、代谢残留物、惰性物质、无机物质
15. 化能自养菌；兼性异养菌
16. 无回流，对全部污泥加压气浮；有回流，用回流水加压气浮

四、名词解释（10 分，共 5 题）

17. **答**：一种关于两个流体相在界面传质动力学的理论。主要论点：（1）在传质过程中，两相间有一个相界面。相界面两边具有传质薄膜，在任何流体力学条件下，都呈滞流状态。（2）尽管传质两层膜很薄，仍是传质过程的主要阻力所在。（3）不论何时，在两层薄膜间的相界面处的浓度关系，假定已经达到平衡。双膜理论将传质过程的机理大大简化，而变为通过传质两层薄膜的分扩散过程。但在反映客观实际和指导生产方面，都有缺点和局限性。

18. **答**：当废水中悬浮颗粒的浓度提高到一定程度后，每个颗粒的沉淀将受到其周围颗粒的干扰，沉速有所降低，若浓度进一步提高，颗粒间的干涉影响加

剧，沉速大的颗粒也不能超过沉速小的颗粒，在聚合力的作用下，颗粒群结合成为一个整体，各自保持相对不变的位置，共同下沉。液体与颗粒群之间形成清晰的界面。沉淀的过程实际就是这个界面下降的过程。

19. **答：**使微生物附着在某种载体上生长，并形成生物膜，污水流经生物膜时，微生物与污水中的有机物充分接触，完成对污水的净化。

20. **答：**借助压力促使水分子反向渗透，以浓缩溶液或废水的方法。

21. **答：**存在于污泥颗粒之间的毛细血管中的水。

五、简答题（30 分，共 6 题）

22. **答：**乳化油油珠粒径小于 10μm，一般为 0.1～2μm。往往因水中含有表面活性剂使油珠成为稳定的乳化液。

23. **答：**工业废水中的许多金属离子可以生成氢氧化物沉淀而得以去除。氢氧化物沉淀与 pH 值有很大关系，如以 $M(OH)_n$ 表示金属氢氧化物，则有：

$$M(OH)_n \rightleftharpoons M^{n-} + nOH^-$$

$$L_{M(OH)n} = c_{M^{n+}} \cdot c_{OH^-}^n$$

同时发生水的解离：$H_2O \rightleftharpoons H^+ + OH^-$，离子积 $K_{H_2O} = c_{H^+} \cdot c_{OH^-} = 1 \times 10^{-14}$（25℃），通过以上两式可得到：

$$\begin{aligned} \lg c_{M^{n+}} &= \lg l_{M(OH)_n} - (n\lg K_{H_2O} - n\lg c_{H^+}) \\ &= -\mathrm{p}l_{M(OH)_n} + n\mathrm{p}K_{H_2O} - n\mathrm{pH} \\ &= x - n\mathrm{pH} \end{aligned}$$

由此可知，对于同一价数的金属氢氧化物，它们的斜率相等为平行线，可通过上面的公式求得相应的重金属离子沉淀的 pH 值理论条件。实际 pH 值条件要实验求得。

24. **答：**气浮法主要用于对那些颗粒密度接近或小于水的细小颗粒的分离。
气浮工艺必须满足的基本条件：
（1）必须向水中提供足够量的细微气泡；
（2）必须使污水中的污染物质能形成悬浮状态；
（3）必须使气泡与悬浮物质产生黏附作用。

25. **答：**厌氧生物滤池的优点包括生物固体浓度高、有机负荷高；SRT 长，可缩短 HRT，耐冲击负荷强；启动时间较短，停止后的再启动也较容易；无须回流污泥，运行管理方便；运行稳定性较好。缺点是易堵塞，会给运行造成困难。

26. **答：**（1）慢速渗滤系统：慢速渗滤系统的污水投配负荷一般较低，渗流速度慢，故污水净化效率高，出水水质优良。

(2) 快速渗滤系统：快速渗滤土地处理系统是一种高效、低耗、经济的污水处理与再生方法。适用于渗透性能良好的土壤，如砂土、砾石性砂土、砂质垆坶等。污水灌至快速渗滤田表面后很快下渗进入地下，并最终进入地下水层。灌水与休灌反复循环进行，使滤田表面土壤处于厌氧-好氧交替运行状态，依靠土壤微生物将土壤截留的溶解性和悬浮性有机物进行分解，使污水得以净化。

(3) 地表漫流系统：地表漫流系统适用于渗透性的黏土或亚黏土，地面的最佳坡度为2%~8%。废水以喷灌法或漫灌法有控制地在地面上均匀地漫流，流向设在坡脚的集水渠，在流动过程中少量废水被植物摄取、蒸发和渗入地下。地面上种牧草或其他作物供微生物栖息并防止土壤流失，尾水收集后可回用或排放水体。

(4) 湿地处理系统：湿地处理系统是一种利用低洼湿地和沼泽地处理污水的方法。污水有控制地投配到有芦苇、香蒲等耐水性、沼泽性植物的湿地上，废水在沿一定方向流动的过程中，在耐水性植物和土壤的共同作用下得以净化。

(5) 地下渗滤处理系统：地下渗滤处理系统是将污水投配到距地面约0.5m深、有良好渗透性的底层中，借毛管浸润和土壤渗透作用，使污水向四周扩散，通过过滤、沉淀、吸附和生物降解作用等过程使污水得到净化。

27. **答：**污泥处理处置的原则：使污水厂能正常运行；使有毒有害物质得到妥善处理或利用；使有机物得到稳定处理；综合利用，变害为利；总原则为减量化、稳定化、无害化及综合利用。

污泥处理采用的工艺主要有：污泥浓缩、污泥消化、污泥脱水。污泥处置的工艺主要有：农、林业使用作肥或改良土壤，也可送焚烧炉焚烧和烘干，送垃圾场填埋和生产建筑材料。

六、计算题（25分，共2题）

28. 解：碱性氯化法处理含氰废水所发生的反应如下：

$$Cl_2 + H_2O \longrightarrow HCl + HClO$$

$$CN^- + ClO^- + H_2O \longrightarrow CNCl + 2OH^-$$

$$CNCl + 2OH^- \longrightarrow CNO^- + Cl^- + H_2O$$

由上可以得出 Cl_2 与 CN^- 反应的物质的量之比为1∶1。则题中条件所需最小氯气量为：

$$[(30 - 0.05)/27] \times 71 \times 300 = 23.6\text{kg/d}$$

29. **解：**

(1) 曝气池的水力停留时间：

$$D = 150000/500000 = 0.3\text{d} = 7.2\text{h}$$

（2）进入曝气池的 BOD_5：$240 \times (1 - 25\%) = 180\text{mg/L}$

曝气池的 F/M 值（BOD/MLSS）：

$$F/M = \frac{QS_0}{XV} = \frac{500000 \times 180}{3000 \times 150000} = 0.2\text{kg/(kg} \cdot \text{d)}$$

容积去除负荷（BOD）：

$$N_v = \frac{QS_0}{V} = \frac{500000 \times (180 - 15) \times 10^{-3}}{150000} = 0.55\text{kg/(m}^3 \cdot \text{d)}$$

污泥去除负荷（BOD/MLSS）：

$$\frac{QS_0}{XV} = \frac{500000 \times (180 - 15)}{3000 \times 150000} = 0.18\text{kg/(kg} \cdot \text{d)}$$

（3）剩余污泥的产量：

$$\Delta X = Y_{obs}Q(S_c - S_0) = 0.75 \times 500000 \times (180 - 15) \times 10^{-3} = 61875\text{kg/d} = 61.875\text{t/d}$$

剩余污泥的体积：

$$V = \Delta X_v / X_v = 61875/10000 \times 103 = 6187.5\text{m}^3/\text{d}$$

污泥泥龄：

$$\theta_c = \frac{VX}{\Delta X} = \frac{150000 \times 3000 \times 103}{61875} = 7.3\text{d}$$

所需要的氧量（O_2）：

$$R = aQ(S_0 - S_e) + bVX_v = \frac{0.6 \times 500000 \times (180 - 15)}{1000} + 0.08 \times \frac{150000 \times 3000}{1000}$$

$$= 85500\text{kg/d} = 3562.5\text{kg/h}$$